汤养女人，美丽一生

李云波／编著

国家一级出版社　　中国纺织出版社　全国百佳图书出版单位

图书在版编目（CIP）数据

汤养女人，美丽一生 / 李云波编著. —北京：中国纺织出版社，2018.9

ISBN 978-7-5180-5201-1

Ⅰ.①汤…　Ⅱ.①李…　Ⅲ.①女性–保健–汤菜–菜谱　Ⅳ.①TS972.122

中国版本图书馆CIP数据核字（2018）第141239号

责任编辑：闫婷　国帅　　　　责任印制：王艳丽

中国纺织出版社出版发行

地址：北京市朝阳区百子湾东里A407号楼　　邮政编码：100124

邮购电话：010–67004422　　传真：010–87155801

http：//www.c–textilep.com

E–mail：faxing@c–textilep.com

中国纺织出版社天猫旗舰店

官方微博http://weibo.com/2119887771

北京通天印刷有限责任公司印刷　　各地新华书店经销

2018年9月第1版第1次印刷

开本：710×1000　1/16　印张：12

字数：150千字　定价：45.80元

凡购本书，如有缺页、倒页、脱页，由本社图书营销中心调换

美丽和健康是每个女人毕生的追求，为了变美、为了保持健康，很多女性不惜花费大把金钱去购买高档化妆品和保健品，殊不知，内养才是女人美丽的源泉。女性犹如花朵，犹如鲜花需要阳光、水分和土壤一样，女人也要善于给自己补充营养。调理好内在，自然也就拥有了健康，健康的女人最漂亮！

汤是餐桌上的中药角色，千百年来，中国人都把喝汤作为一种上佳的滋补、养生方式，一碗色香味俱佳的汤，不仅能够满足口腹之欲，还能够起到食疗的效果。

煲汤不需要煎炒烹炸的油腻，也不需要烧烤煮涮的麻烦，非常适合女性养生。女性在闲暇时煲上一锅靓汤，不仅滋养了身心，也是和自己的和谐相处。

女性喝汤首先要了解自己的体质状况、工作环境、生活状态，季节、体质、病症等都是喝汤时需要注意的细节。

本书介绍的汤品根据不同的功能、季节、体质等进行了分类，如美容汤品、女人特殊时期汤品、食疗汤品、不同体质对应的汤品、不同季节适合的汤品等，提供了数百道详实的汤品制作方法，并配有精美的图片，方便阅读。女性朋友可以根据自己的需求采用，以达到最好的内养效果。

Part 1

美女厨房，说说汤品那些事儿 11

Part 2

女人一喝就爱上的美容汤 47

Part 3

女人特殊时期的一碗暖心汤 79

Part 4

食疗胜于药疗，
用汤品解决女人的日常不适 105

Part 5

女性生活方式不同，
选择的汤品也不同 123

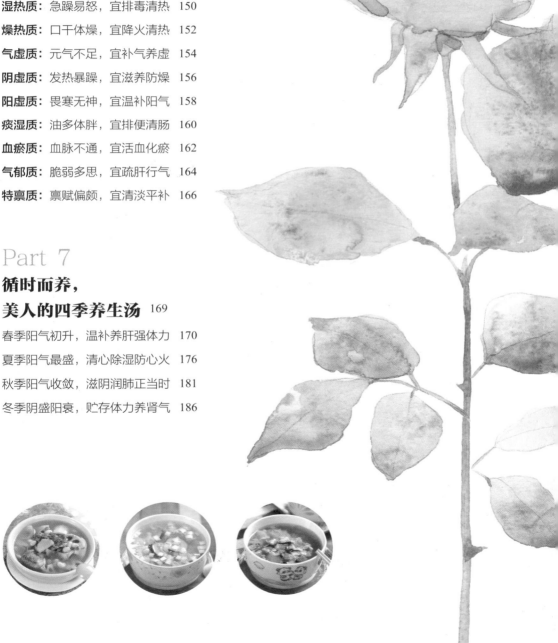

Part

1

美女厨房，说说汤品那些事儿

要想煲出一锅靓汤，
首先要了解煲汤的工具、方法、成效。
美女厨房里需要准备哪些煲汤的材料？
哪些是对女性有益的食材呢？

汤品滋养女人，犹如雨露滋润大地

　　汤品的制作很简单，只要将食用的材料与水一起煮，再调味，就成汤了。然而，小小的一碗汤在中国人的餐桌上扮演的角色并不简单，陪伴中国人数千年。人们认为喝汤是最好的滋补方式之一，喝汤是中国人传统的养生之道。

　　《红楼梦》里面，贾宝玉曾经说过，"女儿是水做的骨肉"，女人如花般美丽，也如花般娇弱，需要温情的呵护才能绽放出光彩。现代女性不但重视口福，更重视健康和美丽，而汤水就是能给女人带来滋养的绝妙好物。

女人靠养，药补不如食补

　　女性有周期性失血的特点，将近 1/3 的女性有程度不同的贫血，特别是有过生育经历的女性。贫血不但对女人的身体机能造成影响，还会使女性面部无华，皮肤看上去没有光泽，女人花失去颜色，所以，"妇女以养血为本"。对于月经不调和经量过多的女性，除了进行必要的治疗外，平时还需要注意补充营养素，多食猪心、母鸡、海参、鱼虾、红枣、猕猴桃、葡萄、桂圆、核桃、芝麻、胡萝卜、红薯、菠菜、洋葱及豆制品等食物。通常，将这些食材简单做成汤即可充分发挥效用，所以女人要补血，不如用食补的方式，让汤水滋养身体。

汤品如雨露，润物细无声

女人是水做的，女性在日常生活中常喝汤，可以温和地给身体补水，水分充足了，皮肤自然就会娇嫩起来。"美丽的女人是汤水滋养出来的"，这话一点也没错。不管是寒冷的冬日，还是忙碌工作之后，一碗温情脉脉的汤水总是能给女人的身心带来极大的慰藉，是女人对自己最适宜的犒赏。

汤品平易近人，简单易得

女人都爱美，为了美丽，女人可以花大把大把的钱购入化妆品、保健品，还会花大价钱美容、健身、瘦身等，要靠金钱来打造。殊不知，简简单单的一碗汤，也有这些功效。

喝汤能对女人的内在进行调理，补气养血，内调加上外养，才能让女人由里到外都散发出魅力。

而且煮汤很简单，不需要煎炒烹炸的繁琐，也没有烧烤的烟火气，只需将平凡易得的食材搭配在一起炖煮即可，即使平时不下厨的女人，也能轻轻松松为自己煮上一锅进补好汤。

煮汤还有一点好处是荤素皆宜，甜咸皆可，口味百变，每个女人都能找到适合自己喜好的汤。

汤水可以滋养女人一生的每个阶段

现代社会，年轻女孩面临着事业上的挑战，工作压力大，应酬多，经常在外就餐，营养摄入不均衡，对健康有极大的影响。这时可以在闲暇的时候煲一锅汤，既可以放松身心，也能用汤水调理身体，何乐而不为呢？

对于刚完成生育大事的女性，身体需要恢复很长时间，而且又要照顾孩子、照顾家庭，再加上工作的压力，真是耗费了太多心血，会常常觉得疲惫不已，面容憔悴。而在中医理论里，气血是生命的载体，使身体正常协调地运作，因此，成熟女性一定要注意气血的养护，而一碗暖暖的汤正好能为女人补气、补血。

女人进入更年期后，由于绝经和激素的变化，身体和情绪都面临考验，如何顺利完成这个人生过渡？汤品也能扮演重要角色，更年期的女性对症饮用相应的汤品，有助于安然度过更年期，减少各种症状的出现。

一碗汤虽不起眼，却给女人带来实实在在的滋养。女人爱喝汤，会喝汤，才会更美、更水嫩。

汤品是女人补充营养的上佳之选

汤是由蔬菜、鱼、肉、蛋、奶、五谷杂粮、中药等熬制而成，可以说是营养颇为全面的一类食物，富含蛋白质、碳水化合物、脂类、维生素等营养成分，正是这些营养素使得汤品有很好的养生保健作用。

蛋白质

蛋白质是生命的物质基础，没有蛋白质就没有生命，它是构成一切细胞和组织结构必不可少的营养成分。

蛋白质使生命和各种形式的生命活动紧密联系在一起。机体的每一个细胞和所有重要组成部分都有蛋白质参与。

人体内蛋白质的种类很多，性质、功能各异，但都是由20多种氨基酸按不同比例组合而成的，并在体内不断进行代谢与更新，是人体内必不可少的物质。

主要功能

人体内所必需的营养成分
增加机体的抗病毒能力
建造、更新和修复人体细胞
调节人体内的酸碱平衡
为机体提供足够的热能

富含蛋白质的煲汤食材

蛋白质分为完全蛋白质和不完全蛋白质两种。凡是含有人体必需氨基酸，并且能维持人体正常发育的蛋白质称为完全蛋白质，多来源于鱼、肉、禽、蛋、乳制品等，而植物中一般含有的都是不完全蛋白质。

碳水化合物

碳水化合物又被称为糖类，是自然界存在最多、分布最广的一类有机化合物，主要由碳、氢、氧所组成。葡萄糖、蔗糖、淀粉和纤维素等都属于糖类。它是为人体提供热能的三种主要营养素中最高效的营养素。

食物中的糖类分成两类：人体可以吸收利用的有效糖类（如单糖、双糖、多糖）和人体不能消化的无效糖类（如纤维素）。糖类是一切生物体维持生命活动所需能量的主要来源。

主要功能

促进肠胃蠕动
为人体提供热能
构成机体的重要组成物质
协助脂肪的利用
可以增进食欲

富含糖类的煲汤食材

富含糖类的食材有很多，主要是水果、蔬菜、谷物类、豆类、动物血、动物肝脏和蜂蜜等。

脂类

脂类在人体内是产热量很高的物质，脂类是油、脂肪、类脂的总称。食物中的脂类主要是油和脂肪，一般把常温下为液体的称作油，而把常温下为固体的称作脂肪。

类脂是一种性质类似于油脂的物质，包括磷脂、卵磷脂、脑磷脂、脂蛋白、固醇等。

主要功能

细胞的主要组成成分
为机体提供热能
参与胆固醇的代谢
合成前列腺素、血栓素的原料
有利于脂溶性维生素的吸收

富含脂类的煲汤食材

含脂类较丰富的食材有牛、羊、猪、鸡、鸭、鹅等动物的肉。

维生素

　　维生素是人和动物为维持正常的生理功能而必须从食物中获得的一类有机物质，在人体生长、代谢、发育过程中发挥着重要的作用，主要包括维生素A、B 族维生素和维生素C 等。

主要功能

是人体不可缺少的营养素
维持和调节机体正常代谢
促进生长发育
调节机体机能

富含维生素的煲汤食材

维生素 A

　　动物肝脏、胡萝卜、西红柿、鸡蛋、牛奶等。

B 族维生素

　　酵母、干果、猪瘦肉、芹菜、莴笋叶等。

维生素 C

　　新鲜的蔬菜和水果。

汤品的分类

清汤

　　顾名思义，清汤就是味道比较清淡的汤，一般加热时间较短，口感比较滑嫩，汤汁清淡且不混浊，这是清汤独具的特色，适合喜好清淡饮食的人食用。

　　常见的清汤: *青菜豆腐汤、蛋花汤、海带豆腐菠菜汤等。*

甜汤

　　甜汤味道甘甜，材料选择有多种多样，可以开胃健食助消化。

　　甜汤对火候和制作时间的要求很讲究，所以大多有养颜美容、滋补润肺的功效，每天喝一碗，可以把皮肤养得水水嫩嫩。

　　常见的甜汤: *赤小豆汤、绿豆汤、芝麻糊汤、花生核桃汤。*

海带豆腐菠菜汤

赤小豆汤

浓汤

浓汤味道香浓、醇厚，它是以高汤作汤底，再加入自己喜欢的食材一起煮，或者用适量淀粉勾芡，让汤汁呈浓稠状。煲浓汤的时间一般会很长，以保证食材的营养成分能充分溶于汤品中。

常见的浓汤： 玉米浓汤、西红柿浓汤等。

羹汤

羹汤虽然也是以淀粉勾芡，但是和浓汤有所不同，羹汤所用的食材要切细或切碎。如果食材体积稍大，煮的时间就要相应加长，食材才能口感软烂，以免出现勾芡后黏在一起的现象。

常见的羹汤： 海鲜羹汤、肉羹汤。

玉米浓汤

肉羹汤

汤水好喝，也要讲究正确的喝法

汤渣不渣，也可以食用

很多人会认为，汤品经过了长时间的熬制后，食材的全部营养已经都进入了汤里面，汤渣就失去了食用价值，实际上这种想法是错误的。

在用鱼肉、鸡肉、牛肉等富含蛋白质的食材煮汤的时候，5~6小时以后，汤看上去已经很浓郁了，可实际上只有15%左右的蛋白质浸入汤中，剩下的大约85%的蛋白质仍旧留在所谓的汤渣中。由此可知，有很多汤渣也大有食用价值，甚至比汤本身的营养价值都高，千万不要丢弃。

喝汤不能太单一

众所周知，人体所需的营养成分可谓是五花八门，一款汤中不可能包含所有的营养成分。如果由于个人的喜好偏爱单一汤品，有可能会造成营养不良。最好用几种动物性与植物性的食材混合搭配来熬汤，不但味道鲜美，而且营养均衡，能为人体提供必需的氨基酸、矿物质和维生素，从而达到维护身体机能的目的。

过烫的汤损伤消化道

人的口腔、食管、肠胃所能承受的最高温度是60℃，一旦超过了这个底限，就会造成黏膜烫伤。尽管人体组织有自我修复的功能，但这也不是长久之计，反复的损伤很可能会造成上消化道黏膜的病变。据统计，平时喜欢吃烫食的人，食管癌的发病率要高于常人，所以应养成不吃烫食的好习惯，最好待汤品冷却到50℃左右的时候再食用。

饭前先喝汤，胜过良药方

俗话说："饭前先喝汤，胜过良药方。"其实这话是很有道理的。吃饭的时候，食物是经过口腔、咽喉、食管，最后到胃的，这就像一条通道。吃饭前先喝口汤，等于是将这条通道疏通开，以便于干硬的食物通过，而不会刺激消化道黏膜。喝汤时间以饭前20分钟左右为宜，吃饭时也可缓慢少量地喝汤。虽然饭前喝汤对健康有益，但并不是说喝得越多越好。一般情况，早餐可适当多喝些，因为早晨人们经过一夜睡眠，损失水分较多。中晚餐前喝汤以半碗为宜，尤其是晚上要少喝，否则频频夜尿会影响睡眠。

中药煲汤有讲究

中药入菜是中国进补的传统方式之一，尤其是汤里面，经常会放一些中药来增强滋补的效果，中药煲汤要注意以下几点。

1. 选药要安全，不要使用一些明显有毒或者药性极强的中药，最好选择常见的、药性温和的，买药前最好了解清楚，或咨询一下医生。建议读者朋友们按照《既是食品又是中药材物质目录管理办法》选用。

2. 药物要对症，一定要根据自己的需求选择对症的中药，不然反而可能起到相反的效果。

3. 用量要合理，养生用的药量要比治疗的药量少，不是放的药材越多效果越好。

时机不同，喝汤的注意事项也不同

1. 早晨起来后最适合喝肉汤，因为肉汤中含有丰富的蛋白质和脂肪，在体内消化可维持 3~5 小时，避免在上午 10~12 点这个时段产生饥饿感和低血糖。

2. 不同季节喝不同的汤可以预防季节性疾病，如夏天宜喝绿豆汤，冬天宜喝羊肉汤等。

3. 体胖者适宜在餐前喝一碗蔬菜汤，既可满足食欲，又有利于减肥；身体瘦弱者宜多喝含高糖、高蛋白的汤，可以增强体质。

4. 孕产妇、哺乳期女性以及老人、小孩可在进食前喝半碗骨头汤，补充身体所需的钙，但是骨折的病人在骨折初期不宜喝骨头汤。

5. 月经前适合喝性质温和的汤，不要喝大补的汤，以免过度补养导致经血过多。

6. 感冒的时候不适合煲汤进补，就连药性温和的西洋参也最好不用。

7. 各式汤品交替饮用，更能增加食欲，平衡营养。具有食疗作用的汤要经常喝才能起到作用，每周喝 2~3 次为宜。

汤鲜味美的诀窍

要选用新鲜的食材

尽量选择应季食物

植物的生长都有一定的周期和规律。遵守时令规律生长的食物，就叫做应季食物。这种食物得天地之精气，气味浓厚，营养价值高。

春天的韭菜、香椿、草莓、春茶，夏天的西瓜、番茄，秋天的花生、玉米、梨、葡萄、栗子，冬天的大白菜、萝卜等，都属于应季食物。

反季食物则是人们利用特殊环境资源或采取保护性设施生产的食物。这种采取人为措施催熟或推迟成熟的食物，虽然丰富了人们的饮食，但是否会影响人们的健康，目前尚有争议。况且，反季食物在营养成分、口味和价格上与应季食物相比都不具备优势。

瓜果蔬菜要洗净农药

现在都提倡食用绿色蔬菜，但是要真正做到绿色无公害还是很难的，所以在做汤的时候一定要把蔬菜上的农药彻底洗干净。那么，怎样做到将农药洗干净呢？

先将蔬菜用清水洗净，放入盛有小苏打水的盆里，浸泡5~10分钟，然后再用清水洗净即可。注意不要浸泡太长时间，以免表面上的化学成分渗入蔬菜中。

禽类要在杀死后 3~5 小时内烹饪

在熬汤的时候一定要注意禽类的处理，最好不要放置太久时间，也不要选择冷冻的食材，最好在禽类被杀死后3~5小时内烹饪。

因为在禽类死掉之后3~5小时的时间里，肉里面的酶使各种蛋白质、脂肪等有机物质转成氨基酸、脂肪酸等人体易吸收的成分，熬好的汤品，不但营养丰富，味道也非常鲜美。

合理搭配食材

经过人们长期的经验积累，许多食物之间已经有了固定的搭配模式，能使营养相互补充，这就是我们常说的汤水中的黄金搭配。

比如将酸性食品——肉类，与碱性食品——海带组合在一起，就很完美，不仅味道鲜美，营养价值还很高，这种汤品被称为长寿汤，我们平时喝的海带排骨汤就是最好的证明。

水温水量要合理

清水既是鲜香食品的溶剂，又是食材之间的传热媒介，还是一锅好汤的精华所在。水温的变化、水用量的多少，都对汤的味道有着很大的影响。

煮汤时，用水量一般要控制在主要食材量的 3 倍左右就可以了，也可以按照一碗汤加 2 倍水的方法计算，不过前者更加简单可行一点。

不同食材的放入时间不同

在熬汤时，一些需要长时间炖煮的食物，如肉、鱼、某些粗纤维或者根茎类蔬菜，可以同时放入锅中，根茎类蔬菜最好切成大块状。

一些比较易熟的嫩叶类蔬菜最好在起锅前几分钟放入，以保证食材的成熟度比较一致，以免出现有的食物煮老，而有的食物还没有熟透的现象，那样的话，汤就失败了。

适当添加调料

做汤的基本调料有很多，最常见的有盐、酱油、酱、豆豉、番茄酱、味精、鸡精、辣椒、葱、姜、蒜、八角、茴香、料酒等，但不是煲所有的汤都能用上，在调料的选择和添加上一定要适量。

做汤想要做到最健康，其实讲究的是原汁原味，调料加入过多不仅会影响汤的口感，还会破坏汤的营养成分，因此不宜放过多。

"煲三炖四"

如果按照时间划分的话，熬汤可以分为煲汤和炖汤，二者在时间上存在着很大的差别。炖汤用的时间比较长，有一个可靠的口诀就是"煲三炖四"。煲汤是直接将锅放在火上煮，3 小时左右就可以了；而炖汤则是先以大火烧开，再用小火长时间慢煮为原则，时间应控制在 4 小时以上。

一定要绕开的煲汤禁忌

过早放盐

如果熬汤的过程中过早放盐，会使肉类中的蛋白质凝固，不易溶解，导致汤色发暗，浓度不够。

过多放入调料

料酒、酱油、十三香等调料不可过多投放，葱、姜等也不可以多放，以免影响汤汁本身的鲜味。

过早、过多放入酱油

会使汤味变咸，颜色变暗发黑。

中途添加冷水

正在加热的肉类遇冷会收缩，蛋白质就不易溶解，汤就会失去原有的鲜香，还会失去养分。

疾病名称	饮食禁忌
感冒	一定要忌酒，不宜吃辣椒及辛辣、油腻的食物
肺炎	不可以吃葱、蒜和韭菜
哮喘	不可以吃牛肉、羊肉、狗肉、葱等辛辣食物
肺结核	不可以吃辣椒、姜、洋葱、羊肉、猪头肉、狗肉、公鸡肉、虾和蟹
高血压	不宜吃咸菜、泡菜等腌制品
低血压	不宜吃冬瓜、萝卜、芹菜和冷饮
痢疾	不可以吃鱼类、肉类、牛奶、鸡蛋和韭菜
病毒性肝炎	要忌酒，不宜吃蛋黄以及油腻生冷的食物
肠胃不适	不宜吃油炸、生冷和腌制的食物，另外也不要经常喝碳酸饮料
肾结石	不宜吃菠菜、豆类、葡萄、橘子、竹笋等含草酸较高的食物

了解常用的煲汤方式

炖

炖汤的做法比较复杂，要先用葱、姜炝锅，再加入高汤或者水，待烧开后再加入主要材料，先大火烧开，再小火慢炖。

炖汤的主材料要求软烂，一般是鲜嫩多汁，特点是汤汁清醇、质地软烂。

Tips： 1. 最好选择韧性较强、质地较为坚硬的食材，比如土豆、山药、牛肉等。

2. 炖汤不需要勾芡。

汆

汆是指对一些烹饪材料进行过水处理的方法，是煮汤的常用方法之一，汆菜的主料多切成细小的薄片、细丝、花刀形或丸子状。

汆属于用旺火速成的烹饪方法，多用于清汤的做法，特点是清淡解腻、滑嫩爽口。

Tips： 这种做法容易产生浮沫，一定要除去。

煮

煮汤和上面提到过的汆有相似之处，但从烹饪的时间上来看，煮比汆的时间要长。

煮汤主要是把材料放在高汤或者清水中，用大火烧开后，改用中火或者小火慢慢煮熟的一种烹饪方法，特点是汤菜各半、口味清鲜。

Tips： 1. 加热的时间比较长，一般都在1小时以上。

2. 汤汁较多，汤菜各半，不需要勾芡。

3. 在煮的过程中，高汤或者清水要一次性加足量，不要中途续加，否则会影响味道。

煨

煨汤一般是将质地较老的材料放入锅中，用小火长时间加热直到材料熟烂为止，制作时间往往很长，有的甚至要一天，特点是主料酥烂、口味香浓醇厚。

Tips： 1. 选择质地较老、纤维较粗、不易煮熟的材料，比如玉米、红薯、排骨等。

2. 切成较小的块状。

3. 汤汁不勾芡，盐一般在最后放入。

选对厨具才能煲出好汤

在熬汤的时候，厨具的选择也是非常重要的，并不是所有的汤品都可以用一种锅去做，不同的汤品应该选用不同的器具，这样才可以将汤品的特质、味道更充分地体现出来。

每一种汤锅器具都有各自独特的作用，要想将一锅汤做到鲜美无比，省时省力，就要先知道熬汤要用到的各种器具和它们的正确使用方法。

砂锅

砂锅的优点：用砂锅煲汤可保持食材的原汁原味，同时砂锅耐高温，经得起长时间的炖煮。

煲汤时，先放好足量的水，再放置于火上，先采用小火慢煮，再用大火煮。

Tips： 1. 新买的砂锅最好不要直接使用，第一次用可以在锅底抹一层油，放置1~2天后煮过一次水之后再用。

2. 新买来的砂锅，一般内壁沾有不少砂粒，需要用硬一些的刷子刷掉。

3. 锅壁有微细气孔，具备吸水性，可装满清水放置3~5分钟，然后洗净擦干待用。

4. 用砂锅煮汤前，先将锅外表的水擦干，缓慢上火，如果锅中汤过少，应添加温水或热水。

高压锅

高压锅的优点：高压锅最大的好处就是能在最短的时间内，迅速地将汤品或者菜品煮好，而食材的营养却不会被破坏，既省火又省时。

Tips： 1. 选择高压锅一定要挑选正规厂家生产的、质量合格的。

2. 每次使用前都要认真检查排气孔是否有堵塞，保持气孔清洁才能使用。

3. 要定期检查橡胶密封圈是否老化，老化的密封圈会使高压锅漏气，要及时更新。

4. 在加热过程中不能开盖，以免食物在高压高温下爆出而烫伤人。在确认完全冷却之后才可以开盖。

瓦罐

瓦罐的优点：瓦罐汤，是将食材加水，用瓦罐低温煨制，其间不再加水，不开盖，不加复杂的调料，确保原汁原味。将体积较大的食材煨制到软烂的程度，将食物精华浓缩在汤汁里，通过多种食材的鲜味相互交融，做出一罐味道鲜美的好汤。

Tips： 1. 一般只往瓦罐内掺入清水或纯净水，而不用熬好的鲜汤或者高汤。

2. 瓦罐加盖前，需要先用一张铝箔纸将瓦罐口封住，然后再加盖，以保证瓦罐密封良好。

3. 需根据不同食材的不同性质来确定煨制的时间，一般的食材煨制约 8 小时，质地较为老韧的食材如牛肉、土鸡、老鸭等则需煨制 10~12 小时。

4. 大瓦罐内不同的位置，其火力的大小是不一样的，因此煨制时应注意大火和小火的合理搭配，一般是先用大火将瓦罐内的汤烧开，再用小火将汤煨熟。

5. 一罐汤煨 4~5 小时后应"翻坛"，就是把瓦罐调换一下位置，以免瓦罐因接近火力大的位置而被煨干汤汁。

焖烧锅

焖烧锅的优点：焖烧锅适合煲纤维较多的食材，如猪肉、牛肉、鸡肉等肉类，或者豆类、糙米等坚硬谷豆类。

焖烧锅最大的特点是，将材料放入内锅中煮沸，再放入外锅中静置 1~2 小时，使材料渐渐熟透，既可省煤气，又可保留食物中的营养成分。

在用焖烧锅熬汤的时候，食材不宜放得太少，尽量放满一些最好。

Tips： 1. 在内锅中放入所要焖煮的食物，然后加入适量的水，水的量至少要达到内锅容积的 50% 以上，水与食物约占内锅容量的 80% 时效果最佳。

2. 用明火将水煮开后，根据不同食物的易熟程度再煮 5~10 分钟，然后迅速放入内锅并盖上内外盖。

3. 所焖煮的食物占内锅容量的比例越少，焖煮的时间越长。

4. 如果想要减少焖煮的时间，可以延长在明火上的煲煮时间，将食物煮得更熟一些，然后再将内锅放入外锅里面。

女人厨房里要准备的煲汤主料食材

肉类

鸡肉

营养成分

鸡肉中蛋白质的质量较高，种类也比较多，很容易被机体消化，而且还含有对人体生长发育起着至关重要作用的磷脂。

养生功效

鸡肉对营养不良、畏寒怕冷、乏力疲劳、月经不调、贫血、虚弱等症有很好食疗作用，对于女性来说是优质补品，而且鸡肉有温中益气、补虚填精、健脾胃、活血脉、强筋骨的功效。

食用须知

鸡肉的营养价值高于鸡汤，所以不要只喝鸡汤而不吃鸡肉。鸡屁股是淋巴最集中的地方，也是储存细菌、病毒和致癌物的仓库，应弃掉不要。

鸭肉

营养成分

鸭肉中的脂肪酸熔点比较低，脂肪含量适中且分布均匀，有利于人体消化吸收。鸭肉中所含的 B 族维生素和维生素 E 较其他肉类多。

养生功效

鸭肉属于凉性，适用于体内有热、上火的人食用。鸭肉还适宜低热、体质虚弱、食欲缺乏、大便干燥和水肿、产后病后体虚、盗汗、月经少的女性食用。

食用须知

烟熏和烧烤的鸭肉，因其加工后可产生苯并芘，此物有致癌作用，不宜经常食用。另外，感冒的人也不适合食用鸭肉或喝鸭肉汤。

猪蹄

营养成分

猪蹄又叫猪脚、猪手，分前后两种。前蹄肉多骨少，呈直形；后蹄肉少骨稍多，呈弯形。猪蹄含有丰富的胶原蛋白，脂肪含量也比肥肉低。

猪蹄中还含有维生素 A 及钙、磷、铁等营养元素，尤其是其中的蛋白质水解后所产生的胱氨酸、精氨酸等 11 种氨基酸的含量均与熊掌不相上下。

养生功效

缺乏胶原蛋白是女人衰老的一个重要因素，猪蹄中的胶原蛋白能增强皮肤弹性和韧性，防止皮肤干瘪起皱，对延缓衰老有着很好的作用，是女性的美容佳品。猪蹄中的胶原蛋白还可促进毛发、指甲生长。

食用须知

临睡前不宜吃猪蹄，以免增加血液黏度。由于猪蹄中脂肪含量较高，慢性肝炎、胆囊炎、胆结石等患者最好不要食用。

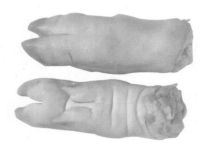

排骨

营养成分

排骨除含蛋白质、脂肪、维生素外，还含有大量的磷酸钙、骨胶原、骨黏蛋白等，可为女性提供钙质。另外，排骨还有滋阴补血的功效。

养生功效

气血不足、阴虚纳差的女性适合饮用排骨汤。排骨能及时补充人体所需的骨胶原蛋白等营养物质，从而能增强骨髓的造血功能，延缓衰老。

食用须知

有湿热痰滞的人最好不要食用排骨或者喝排骨汤，肥胖、血脂较高的女性不宜多食。另外要记住，猪排骨不宜与乌梅、甘草、荞麦等同食。

鲤鱼

营养成分

鲤鱼为淡水鱼，体内二十碳五烯酸（EPA）和二十二碳六烯酸（DHA）的含量丰富，有降血压、抗血栓的作用，同时喝鲤鱼汤还可以降低血液黏稠度，减少血小板聚集。

养生功效

鲤鱼汤具有健脾和胃、利水下气、通乳、安胎的作用，对孕产期的女性有益。另外，还可以缓解胃痛、腹泻、水湿肿满、脚气等症状。

食用须知

外感发热，如感冒、发烧的人，最好不要喝鲤鱼汤。

牛肉

营养成分

牛肉含有丰富的蛋白质，氨基酸组成比猪肉更接近人体需要，能提高机体抗病能力，对生长发育及手术后、病后调养的人特别适宜。

养生功效

牛肉汤有补中益气、滋养脾胃、强健筋骨、化痰息风、止渴止涎的功效，适用于中气下陷、气短体虚，筋骨酸软、贫血久病及面黄目眩的人食用。寒冬食牛肉有暖胃作用，为寒冬补益佳品。

食用须知

牛肉不宜常吃，一周一次为宜。牛肉不易熟烂，熬汤的时候放一个山楂、一块陈皮或一点茶叶可以使其易烂。牛肉的肌肉纤维较粗糙不易消化，故消化功能弱的人不宜多吃，或只喝牛肉汤。

豆类及豆制品

黄豆

营养成分

黄豆有"豆中之王"的美称，又被叫做"植物肉""绿色乳牛"，营养价值很高。干黄豆中优质蛋白质含量约40%，为粮食之冠。黄豆中的脂肪含量也在豆类中占首位，出油率达20%，此外，还含有维生素A、B族维生素、维生素D、维生素E及钙、磷、铁等矿物质，500克黄豆中含铁50~60毫克，特别容易被人体吸收利用。

养生功效

黄豆中含有丰富的雌激素，适量食用能够调节女性身体的雌激素，相关研究表明，雌激素对乳腺癌能起到一定的预防作用。

食用须知

食用太多黄豆不利于消化，所以女性食用黄豆时要注意适量，不要一次食用过多。

豆腐

营养成分

豆腐是用黄豆加工而成的，从营养成分上讲，豆腐比黄豆更提高了营养元素的吸收和利用率，使人体更容易吸收其中的蛋白质。

养生功效

与豆腐有关的汤品可以泻火解毒、生津润燥、益气补身，另外对脾虚腹胀也有缓解作用。

豆腐中含有丰富的膳食纤维，可以促进胃肠蠕动，从而具有一定的减肥作用。此外，冻豆腐的孔隙可以吸附油脂，也有一定的清洁肠胃的作用。

食用须知

豆腐在饮食上没有什么特别要注意的，在食用前用水焯一下口感会更好。制作豆腐的黄豆中含有一种叫皂角苷的物质，它能促使人体内碘的排泄，长期过量食用很容易引起碘缺乏，导致一些碘缺乏病。豆腐含嘌呤较多，痛风病人应少食。

蔬果类

胡萝卜

营养成分

胡萝卜含有大量胡萝卜素，这种胡萝卜素的分子结构相当于 2 个分子的维生素 A，进入人体后，在肝脏及小肠黏膜内经过酶的作用，其中 50% 变成维生素 A，有补肝明目的作用，有助于治疗夜盲症。

胡萝卜还含有降糖物质，是糖尿病病人的良好食品；其所含的某些成分，如槲皮素、山柰酚，能增加冠状动脉血流量，降低血脂，促进肾上腺素的合成。

养生功效

胡萝卜含有膳食纤维，吸水性强，在肠道中体积容易膨胀，可加强肠道蠕动，从而利膈宽肠，通便防癌。

食用须知

胡萝卜素属脂溶性物质，故只有在油脂中才能被很好地吸收。因此，食用胡萝卜时最好用油类烹调后食用，熬汤时可以和肉类同煨，以保证有效成分被人体吸收利用。

萝卜

营养成分

萝卜含有能诱导人体自身产生干扰素的多种微量元素，可增强机体免疫力。萝卜中的芥子油和膳食纤维可促进胃肠蠕动，有助于体内废物的排出。白萝卜富含维生素 C，能抑制黑色素合成，防止脂肪沉积。

养生功效

萝卜性微温，入肺、胃二经，具有清热、解毒、利湿、散瘀、健胃消食、化痰止咳、顺气、利便、生津止渴、补中、安五脏等功效。

食用须知

萝卜有顺气、破气的作用，所以气虚体质的人不宜多吃，尤其不宜生吃，也不适合跟人参、西洋参等补气的食物一起烹调。胃及十二指肠溃疡、慢性胃炎、单纯甲状腺肿、先兆流产、子宫脱垂等患者应少食萝卜。

紫菜

营养成分

紫菜营养丰富，含碘量很高，还富含胆碱、钙、铁，能增强记忆，促进骨骼、牙齿的生长和保健；并且含有一定量的甘露醇，可作为治疗水肿的辅助食品。

紫菜所含的多糖可明显增强细胞免疫和体液免疫功能，可促进淋巴细胞转化，提高机体的免疫力，可显著降低血清胆固醇的总含量。

养生功效

紫菜性寒、味甘咸，具有化痰软坚、清热利水、补肾养心的功效。紫菜汤对于甲状腺肿、水肿、慢性支气管炎、咳嗽、脚气、高血压等病症都能起到缓解的作用。

食用须知

消化功能不好、体弱脾虚的人应该少食紫菜，食用过多会导致腹泻。脾胃虚寒、腹痛便溏的人忌食紫菜。

玉米

营养成分

玉米中含有大量的营养物质，除了碳水化合物、蛋白质、脂肪、胡萝卜素外，玉米中还含有维生素 B_2 等营养成分。每100克玉米中能提供近 300 毫克的钙，几乎与乳制品中所含的钙差不多，丰富的钙可起到降血压的功效。

养生功效

玉米具有调中开胃、益肺宁心、清热祛湿、利肝胆、延缓衰老等功效。食用玉米可以消除饥饿感，但其热量很低，所以是减肥的佳品。经常用眼的人多吃黄玉米，可缓解黄斑变性、视力下降，叶黄素和玉米黄凭借其强大的抗氧化作用，可吸收进入眼球的有害光线。

食用须知

腹胀、尿失禁患者忌食。

菠菜

营养成分

　　菠菜茎叶柔软滑嫩、味美色鲜，含有丰富的维生素 C、胡萝卜素、蛋白质以及铁、钙、磷等矿物质。除作鲜菜食用外，还可脱水制干和速冻。

养生功效

　　菠菜含有大量的膳食纤维，具有促进肠道蠕动的作用，利于排便，且能促进胰腺分泌，帮助消化。对于痔疮、慢性胰腺炎、便秘、肛裂等病症有辅助治疗作用。菠菜中所含微量元素能促进人体新陈代谢，增进身体健康。

食用须知

　　值得注意的是，菠菜不适宜肾炎、肾结石患者食用，菠菜中的草酸含量较高，不宜一次食用过多。另外，脾虚便溏的人不宜多食。

绿豆芽

营养成分

　　在绿豆发芽的过程中，部分蛋白质可分解为氨基酸，从而增加原有氨基酸含量，其中还含有纤维素。

　　多喝豆芽汤，可补充维生素 A 和维生素 B_2。

养生功效

　　绿豆芽具有美容、排毒、抗氧化、提高机体免疫力的作用，还具有清除血液中堆积的胆固醇和脂肪、预防心血管疾病的作用，绿豆芽能减少人体内乳酸的含量，可用来辅助治疗神经衰弱。

食用须知

　　绿豆芽以刚露尖时食用最好。

冬瓜

营养成分

冬瓜是一种药食兼用的蔬菜，含有丰富的维生素 C，且钾盐含量高，钠盐含量较低，爱美的女性可用来消肿而不伤正气。

冬瓜中所含的丙醇二酸，能有效地抑制糖类转化为脂肪，加之冬瓜本身几乎不含脂肪，热量不高，对于防止女性发胖具有重要意义，还有助于形体的健美。

养生功效

冬瓜味甘、淡，性凉，具有润肺生津、化痰止渴、利尿消肿、清热祛暑、解毒排脓的功效。

冬瓜汤可用于暑热口渴、痰热咳喘、水肿、脚气、胀满、消渴、痤疮、面斑、脱肛、痔疮等症的食疗，还能解鱼、酒毒，所以说冬瓜是一种不可多得的瓜果蔬菜。

食用须知

冬瓜性凉、味甘，清热生津、解暑除烦，在夏日服食尤为适宜。

苦瓜

营养成分

一根苦瓜里含有 0.4% 的减肥特效成分，即苦瓜苷与类蛋白活性物质，同时苦瓜还含有大量的类胰岛素活性物质和多种氨基酸。

养生功效

苦瓜具有清凉解渴、除邪热、治丹火毒气、泻六经实火、益气止渴、解劳乏、清心明目、养血滋肝、润脾补肾之功效。苦瓜汤还可以促进新陈代谢、益肾利尿、降血脂、抗病毒，爱美的女性可不要错过，它的排毒养颜功效是任何一种蔬菜都难以抗衡的。

食用须知

苦瓜的味道不太好，在吃的时候放一些糖，还要好好焯一下，将苦瓜中的苦味素去掉后，吃起来就相对美味了。

西红柿

营养成分

西红柿色泽艳丽，甜酸适口，营养丰富，既可作水果生食，又可烹调成鲜美菜肴，堪称为"菜中之果"。

西红柿营养丰富，含糖、B族维生素、烟酸、维生素C、胡萝卜素、钙、磷、铁等人体所必需的营养元素，此外还含有较多的苹果酸、柠檬酸等有机酸，特别是维生素P含量在果蔬中名列前茅。

养生功效

西红柿内的苹果酸和柠檬酸等有机酸，既能保护所含维生素C不易被破坏，还能增加胃液酸度，帮助消化，调整胃肠功能。所含的糖类多为果糖和葡萄糖，容易被人体吸收，还有养心护肝的功效。西红柿中的蕃茄素可消肿利尿，患有肾脏疾病的人可适量食用。另外西红柿中还含少量蕃茄碱，能抑制细菌繁殖。

苹果

营养成分

苹果味道酸甜适口，营养丰富，每100克苹果含果糖 6.5~11.2 克、葡萄糖 2.5~3.5 克、蔗糖 1.0~5.2 克，还含有矿物质元素锌、钙、磷、铁、钾及维生素 B_1、维生素 B_2、维生素C和胡萝卜素等。

养生功效

苹果是一种长寿水果，以苹果为食材煲汤，对女性的身体健康也是非常有利的。

苹果中含有较多的钾，能与人体过剩的钠盐结合，使之排出体外，而磷和铁等元素易被肠壁吸收，有补脑养血、宁神安眠作用。

另外，苹果中所含的纤维素能使大肠内的粪便变软，苹果含有丰富的有机酸，可刺激胃肠蠕动，促使大便通畅。另一方面，苹果中含有果胶，又能抑制肠道不正常的蠕动，使消化活动减慢，从而抑制轻度腹泻。

食用须知

在将苹果做成汤品的时候，不要只是洗干净就可以了，记得一定要削皮。

黄瓜

营养成分

黄瓜是一种好吃又有营养的蔬菜。口感脆嫩、汁多味甘、芳香可口。黄瓜中含有的膳食纤维可以降低血液中胆固醇、甘油三酯的含量，促进肠道蠕动，加速废物排泄，改善人体新陈代谢，适宜减肥中的女性食用。

养生功效

黄瓜中的维生素 B_1 对改善大脑和神经系统功能有利，能安神定志，辅助治疗失眠症，压力大的女性可以经常食用。

食用须知

黄瓜中含有一种维生素 C 分解酶，会破坏维生素 C。如果与维生素 C 含量丰富的食物一起食用，其中的维生素 C 会被黄瓜中的分解酶破坏，从而达不到补充营养的效果。

南瓜

营养成分

南瓜中含有大量的维生素和果胶，果胶有很好的吸附性，能黏附和清除体内细菌毒素和其他有害物质如重金属铅、汞和放射性元素，起到解毒作用。

南瓜所含的果胶还可以保护胃肠道黏膜，免受粗糙食品刺激，促进溃疡愈合，适宜于胃病患者。南瓜所含成分能促进胆汁分泌，加强胃肠蠕动，帮助消化。

养生功效

南瓜含有丰富的钴，钴能活跃人体的新陈代谢，促进造血功能，并参与人体内维生素 B_{12} 的合成，是人体胰岛细胞所必需的微量元素，对预防糖尿病、降低血糖有一定的效果。

食用须知

南瓜在黄绿色蔬菜中属于非常容易保存的一种，完整的南瓜放入冰箱里一般可以存放 2~3 个月，但是南瓜切开后再保存，容易从心部变质，所以最好用汤勺把内部掏空再用保鲜膜包好，这样放入冰箱冷藏可以存放 5~6 天。

菌类

香菇

营养成分

香菇味道鲜美，营养丰富，素有"植物皇后"美誉，不但具有清香的独特风味，而且含有丰富的营养成分。每 100 克鲜香菇中含蛋白质 12~14 克、碳水化合物 59.3 克、钙 124 毫克、磷 415 毫克、铁 25.3 毫克，还含有多糖类、维生素 B_1、维生素 B_2、维生素C 等。

养生功效

香菇性寒、味微苦，有利肝益胃的功效，还有提高脑细胞功能的作用。同时，香菇含有丰富的精氨酸和赖氨酸，经常食用香菇类的汤品，可健体益智。

食用须知

尽量购买新鲜的香菇，如果是干香菇，一定要充分用水浸泡，或用水焯一下。

金针菇

营养成分

金针菇中含锌量比较高，多吃能起到益智的作用。

养生功效

金针菇能有效地增强机体的生物活性，促进体内新陈代谢，有利于食物中各种营养素的吸收和利用尤其适合气血不足的女性食用。同时，金针菇还具有抗疲劳、抗菌消炎、消除重金属盐类物质、抗肿瘤的作用。

食用须知

一定要记住，变质的金针菇千万不要吃。金针菇宜熟食，不宜生吃，脾胃虚寒者金针菇不宜吃得太多。而且在熬汤的时候也不要放太多金针菇，每次 20~30 克为宜。

女人厨房里要准备的煲汤辅料中药

枸杞子

枸杞子性平，味甘，是茄科小灌木枸杞的成熟果实，既可作为干果食用，又是一味功效卓著的传统中药材，有延衰抗老、滋补养颜的功效。

枸杞含有丰富的胡萝卜素、B族维生素、维生素C、钙、铁等必需营养素，可用于肝血不足、肾阴亏虚引起的视物模糊和夜盲症的辅助食疗。

推荐汤品：羊肉枸杞汤

茯苓

茯苓性平，味甘、淡，具有渗湿利水、健脾和胃、宁心安神的功效，可用于小便不利、水肿胀满、痰饮咳逆、呕逆、恶阻、泄泻、惊悸、健忘等的辅助食疗。

推荐汤品：八珍汤

当归

当归性温，味甘，无毒，可以用来补血活血、调经止痛、润肠通便，还用于血虚萎黄、眩晕心悸、月经不调、经闭痛经、虚寒腹痛、肠燥便秘等的辅助食疗。

推荐汤品：党参当归猪腰汤

人参

　　人参性微寒，味甘，无毒，用于劳伤虚损、食少、倦怠、胃吐食、大便滑泄、虚咳喘促、惊悸、健忘、眩晕头痛、尿频、消渴、妇女崩漏及气血津液不足症状的辅助食疗。

　　推荐汤品：人参鸡汤

香附

　　香附性微温，味苦，可以理气解郁、调经止痛，用于肝郁气滞、胸腹胀痛、消化不良、月经不调、经闭痛经、寒疝腹痛、乳房胀痛的辅助食疗。

　　推荐汤品：益母草鸡肉香附汤

丹参

　　丹参性微寒，味苦、微辛，具有活血祛瘀、养血安神、凉血消肿的功效，用于胸胁痛、风湿痹痛、瘕结块、疮疡肿痛、跌仆伤痛、月经不调、经闭痛经、产后瘀痛等的辅助食疗。

　　推荐汤品：丹参猪肝汤

西洋参

西洋参性凉，味甘、微苦，其中的皂苷可以有效增强中枢神经功能，具有静心凝神、消除疲劳、增强记忆力等作用，有失眠、烦躁、记忆力衰退等症状的女性可以适量食用。

推荐汤品：西洋参鸡汤

杜仲

杜仲性平，味甘，可用于补肝肾、强筋骨、安胎、腰脊酸疼、足膝痿弱、小便余沥、阴下湿痒、胎动不安、高血压。另外，杜仲对痛经、功能失调性子宫出血、慢性盆腔炎等病症有缓解作用。

推荐汤品：杜仲养腰汤

三七

三七性微温，味甘、微苦，具有散瘀止血、消肿止痛之功效，对于女性崩漏有一定的食疗作用。

推荐汤品：三七鲫鱼汤

百合

百合性平，味甘、微苦，可用于润肺止咳、清心安神、补中益气、清热利尿、凉血止血、健脾和胃。百合对女性产后出血、腹胀、身痛等症状有缓解作用。

推荐汤品：**百合银耳莲子羹**

山药

山药性平，味甘，具有补气、健脾胃、益肾、补益脾胃的作用，可清体内的虚热，也有止渴、止泻的疗效。很多人只知道山药是一种薯类蔬菜，并不知道它其实也是一味中药材。山药在汤品食材中也比较常见。

推荐汤品：**山药薏米羹**

赤小豆

赤小豆性平，味甘、酸，有利尿、润肠通便、降血压、降血脂、调节血糖的功效。

推荐汤品：**赤小豆乌鸡汤**

Part

女人一喝就爱上的美容汤

只要选对食材和煲汤方法，

汤品就能拥有美丽魔法，

让女人由内而外透出美丽和健康，

一喝就会爱上。

美容养颜汤：呈现靓丽的容颜是女人一生的功课

爱美是女人的天性，女人在变美这件事上从不吝啬，也会花大价钱买进许多瓶瓶罐罐的护肤品。然而，这些昂贵的护肤品只能起到外养的作用。女性朋友可以经常食用简单美味的美容养颜汤，内调和外养相结合，不用节食，不用过分运动，在享受美食的过程中自然变漂亮。

靓汤原理

美容养颜汤的原理为选用排毒、清废气的食材，把体内的废物排出来，这样皮肤才会变好，肤色红润有光泽。

科学研究证实，维生素 C 是抑制黑斑的有效物质，维生素 E 可以防止肌肤老化，维生素 A 能增加皮肤抵抗力，钙能增加皮肤弹性等。如果你想拥有对紫外线防御能力强的肌肤，这些营养素不能少。粗纤维食物中的纤维素有润肠的作用，每天食用可将体内积聚的毒素排出体外，减少黑斑形成的机会，豆苗、芦笋等蔬菜及海带、各种菇类、杂粮都可补充粗纤维。

明星食材

肉类：鸡肉、排骨、猪蹄等。
鱼类：鲤鱼、鲫鱼等。
蔬菜类：菠菜、芹菜、油菜、圆白菜、西红柿、娃娃菜、香菜等。
水果类：草莓、菠萝、柠檬等。
其他：红糖、蜂蜜、皮冻、陈皮等。

美容养颜小贴士

B 族维生素缺乏能引起色素沉着，夏季多吃一些含 B 族维生素的食物，如全麦、燕麦、花生等，可以提高肌肤对紫外线的抵抗力，减少色素沉着。

在 B 族维生素中，维生素 B_2 也叫核黄素，能保持皮肤的新陈代谢正常，使皮肤光洁柔滑、缓解褶皱、减退色素、消除斑点。

在煲汤的过程中一定要注意煲汤的时间，而且要坚持喝。要想由内而外地美起来，不是一天两天的事，要循序渐进才可以。

靓汤登场

丝瓜绿茶汤

材料： 丝瓜240克，绿茶5克，盐少许。

做法： 丝瓜去皮，洗净，切片，放入砂锅中，加少许盐和适量水煮。煮熟后加入茶叶，略泡片刻，取汁饮用。

功效： 丝瓜不仅营养丰富，其药用价值更高，具有清暑凉血、润肤美容、通经络、解毒通便、祛风、化痰、行血脉、降血压、下乳汁等功效。

人参鸡汤

材料： 净童子鸡1只，鲜人参1根，红枣2个，蒜3瓣，姜1小块，糯米、芝麻各15克，盐适量。

做法： 将除盐之外的材料洗净装入净童子鸡的肚内，拿绳捆起来放锅内，加水浸没。旺火煮沸，撇去浮沫，煮至烂熟，撒盐调味即可。

功效： 益气补虚，生阴血，泻阴火。人参具有强心补气的效用，如果采用人参须，药效较为温和，食补的时间不限于冬季，常喝人参鸡汤有助细胞修复、新陈代谢、养颜美容，帮你补出好气色。

眉豆陈皮鲤鱼汤

材料： 鲤鱼300克，白眉豆100克，陈皮10克，姜少许，盐适量。

做法： 白眉豆和姜分别洗净，陈皮去白。鲤鱼去鳃和内脏后洗净，然后放进油锅中略煎，直到表面稍黄即可。将白眉豆、陈皮和姜放进砂锅内，加清水，用大火煮沸。把鲤鱼放进去一起煮，直到白眉豆烂熟。出锅前，加适量盐调味即可。

功效： 白眉豆营养成分丰富，尤其是白眉豆衣中B族维生素含量特别丰富，所以爱美的你一定不可错过这款汤。

猴头菇黄豆炖鸡汤

材料： 鸡肉250克，黄豆150克，猴头菇200克，茯苓30克，红枣8颗，盐适量。

做法： 将鸡肉洗净后切块备用。黄豆先用清水浸泡，洗净。猴头菇用温开水浸泡软之后切成薄片。茯苓、红枣分别洗净，红枣去核。将上述材料一起放进砂锅内，加清水适量。用大火煮沸后改用小火煮3小时，以黄豆软烂为度。出锅前加入适量盐即可。

功效： 猴头菇能利五脏、助消化，有滋补的功效。可辅助治疗神经衰弱、消化不良、消化道溃疡等疾病。常喝这道汤既能调理身体机能，又能美容养颜。

益母草鸡肉香附汤

材料： 益母草 10 克，香附 6 克，鸡肉 250 克，葱白 5 根。

做法： 将葱白拍烂，与鸡肉、益母草、香附加水同煎。饮汤，食鸡肉。

功效： 吃肉饮汤，一次吃完。益母草能养颜美容、抗衰防老。此汤理气解郁、调经止痛，是女性的美颜佳肴。本品对准备怀孕的女性尤其适用。

鸡血藤煲鸡蛋

材料： 鸡蛋 100 克，鸡血藤 30 克，白糖 15 克。

做法： 将鸡血藤、鸡蛋放入锅中，加两碗清水同煮沸；鸡蛋煮熟后，剥去外壳再煮沸，煮成一碗汤后加入白糖调味即可。

功效： 一次吃完，隔日 1 次。有活血补血、舒筋活络、美颜的功效。适用于月经不调、闭经、贫血、面色苍白等症。

红枣阿胶汤

材料： 红枣 10 个，阿胶粉 10 克。

做法： 红枣去核洗净。锅中加水烧开，放入红枣，调入阿胶粉稍煮几分钟即可。

功效： 阿胶和红枣是补血益气的黄金搭档，能够调理产后气虚、血虚，这道美容汤不仅能调理女性血气，更能排毒养颜，令女人肌肤润泽娇嫩、头发乌黑亮泽。经常食用，会使女人的脸色变得红彤彤。

当归田七乌鸡汤

材料： 净乌鸡 1 只，当归 15 克，田七 5 克，姜、盐各适量。

做法： 先把当归和田七清洗浸泡于水中，然后把洗好的当归、田七、姜放在乌鸡上，加入适量的盐，倒入清水。水的高度要没过乌鸡，上锅隔水蒸，大火蒸约 3 个小时，待乌鸡烂熟后即可。

功效： 隔几天吃 1 次，连续吃 2 个星期，可有效补血御寒、滋润皮肤。

桂花杏仁露

材料：甜杏仁12克，桂花6克，红茶3克，冰糖适量。

做法：红茶用50毫升85℃的开水浸泡3分钟，取浓茶汁。甜杏仁捣碎放入锅中加入300毫升清水，煮15分钟后放入桂花再煮10分钟。滤渣后加入冰糖调味，与茶汁调匀即可饮用。

功效：中医有"桂，百药之长也"的说法，认为它可以美容养颜、清心安神和疏肝解郁。杏仁有美容养颜、滋润皮肤的作用。常饮桂花杏仁露可乌发养颜、护肤祛斑。

大麦芽肉片汤

材料：大麦芽（炒）10克，猪瘦肉240克，红枣30克，盐3克，腌料适量。

做法：大麦芽用锅炒至微黄；红枣洗净。瘦猪肉洗净切片，加入腌料，腌透入味。将红枣、大麦芽放入煲滚的水中，煲45分钟。放入猪肉片，滚至瘦猪肉熟透，出锅前加盐调味即可。

功效：大麦芽肉片汤有安神作用，可以缓解失眠多梦，并且可以美白肌肤，改善暗沉肤色，对养颜也有一定积极的作用。

排毒瘦身汤：女人都爱的瘦身"神器"

好身材是每个女性都向往的，吃减肥药损害身体，节食怕反弹，运动又没毅力，怎么办好呢？自己在家制作一些美味又有效果的排毒瘦身汤是最好的选择。肥胖多是由于体内沉淀废物和油脂引起的，所以排毒与瘦身是联系在一起的，当把身体里的垃圾毒素都排干净，自然也就瘦下来了。

另外，平时要少吃油腻的食物和甜食，像薯片、蛋糕、巧克力、碳酸饮料等零食一定要统统戒掉。

靓汤原理

煲汤要以蔬菜汤为主，配以花卉类的中药也是不错的选择。一些补养的肉类食材要尽量少用，如果嘴馋的话可以选择牛肉汤。

明星食材

肉类：牛肉、精瘦肉、鲫鱼等。
蔬菜类：苦瓜、黄瓜、冬瓜、韭菜、菜花、芦笋、海带、西红柿、紫菜等。
水果类：苹果、柚子、西瓜、李子、金橘等。
辅助药材类：荷叶、玫瑰花、决明子、芦荟等。

排毒瘦身小贴士

如果你的胃口并不大，而且平时很注重运动，但是依然很胖，减肥每次都不成功，那么你就要注意了，你可能是由于睡眠不好、脾胃不和、工作压力太大等因素造成的体内新陈代谢紊乱，这样很难减肥成功。所以调节自己的生活习惯也很重要，另外减肥期间最好不要吃白糖，可以用红糖或蜂蜜代替。

靓汤登场

白萝卜减腹汤

材料： 白萝卜100克，山楂、槐花各2克，麦芽3克，枸杞子6克。

做法： 将白萝卜洗净，切成小块。锅中加入1500毫升清水，煮沸后放入白萝卜块，煮至熟烂。加入山楂、麦芽、槐花、枸杞子，再煮15分钟即可。

功效： 山楂具有消积化滞、活血化瘀等功效，所含的解脂酶能促进脂肪类食物的消化。槐花味苦、性微寒，富含维生素和多种矿物质，具有凉血止血、清热解毒、清肝泻火的作用。麦芽主要用于食积不消，脘腹胀痛等症。枸杞子有清肝明目的作用，可以有效抑制体内脂肪在细胞中的沉积，促进肝细胞的重新生长。白萝卜能分解食物中的淀粉和脂肪，促进消化，解除胸闷，抑制胃酸过多，还可以解毒。

这道汤能清热解毒，有促进消化、消除脂肪、促进新陈代谢、瘦腰减腹的效果。

莲藕海带汤

材料：海带100克，莲藕300克，姜3片，葱1段，盐适量。

做法：海带洗净，切成大小适口的片状，预先泡上2~3小时。莲藕洗净，去皮去结，切成半厘米厚的薄片。葱洗净，切成丁。热锅倒油，放姜片爆香，倒入清水，煮沸后放入莲藕片，煮20分钟。放入海带片，煮15分钟。最后放入葱丁和适量盐调味即可。

功效：莲藕开胃清热，海带可补充人体钾元素的流失。此汤能润肠通便，排出毒素，从而达到瘦身的目的。

罗宋汤

材料：土豆60克，番茄半个，胡萝卜50克，素肉块、香菇各适量，番茄酱、素蚝油各1大匙，素高汤4杯，盐半小匙。

做法：土豆洗净后去皮，切块；胡萝卜洗净，切块；番茄洗净，切块；素肉块放入水中涨发，捞出后挤干水分；香菇去蒂后洗净。锅置火上，倒入素高汤烧开，加入以上所有材料，大火烧开后改小火煮至熟软，加入番茄酱、素蚝油和盐煮至入味即可。

功效：土豆、番茄、胡萝卜都是帮助身体排毒消肿的食物，经常饮用这道汤，可以轻轻松松排出身体多余的水分。

红薯鲫鱼汤

材料： 红薯2个，鲫鱼2条，姜2片，盐适量。

做法： 将红薯去皮，洗净，切块。鲫鱼去内脏，洗净。鲫鱼用姜煎好，加适量的水煮1小时。将红薯块放入，继续煮至红薯软烂。出锅前放适量盐调味即可。

功效： 红薯含丰富的膳食纤维、维生素及多种矿物质，鲫鱼富含蛋白质。二者搭配，营养互补，好喝又不会发胖。

鲜莲双耳汤

材料： 干银耳、干木耳各10克，鲜莲子30克，鸡清汤1500毫升，盐适量。

做法： 干银耳用冷水泡发后择洗干净，撕成小朵。干木耳泡发后去掉根，清除掉泥沙，洗干净，撕成跟银耳一样的小朵。锅中加鸡清汤，加入洗净的鲜莲子、银耳、木耳，大火煮沸后转小火熬半个小时，加盐调味即可。

功效： 银耳能滋阴养胃，益气安神，是非常好的营养滋补佳品。木耳能活血化瘀、清肠排毒，是很不错的减肥食物。两者组合，有助于胃肠蠕动，减少脂肪吸收，故有减肥的作用，并有去除面部黄褐斑、雀斑、抗老去皱、紧肤的功效。

冬瓜虾仁汤

材料： 虾 200 克，冬瓜 200 克，鸡精、盐各适量。

做法： 将虾去壳，去虾线，洗净沥干。冬瓜去皮，洗净，切成小方块。虾仁与冷水同入锅煮至酥烂。将冬瓜块入锅，煮熟即可。出锅前加入少许鸡精和盐调味。

功效： 排毒利尿，为皮肤补充营养和水分。

鸡肉冬瓜汤

材料： 鸡肉 200 克，冬瓜 200 克，姜、盐各适量。

做法： 鸡肉洗净，切成块。冬瓜洗净，去瓤，去皮，切块。姜洗净，去皮，切片。鸡块放入沸水中焯一下，捞出沥水备用。锅中加适量水，大火烧开，放入鸡块、冬瓜块、姜片烧开，然后转小火炖至鸡块熟烂为止。最后加入盐调味即可。

功效： 冬瓜的膳食纤维与鸡肉的蛋白质搭配组合，既能加速新陈代谢，帮助提高脂肪代谢，还能促进身体废弃物的排出，让水肿不再困扰我们。

薏米橘羹

材料：薏米 200 克，蜜橘 300 克，白糖适量。

做法：将蜜橘全部剥开，把橘肉瓣成瓣（也可以买普通的大橘子，只是大橘子要切成丁）。将薏米淘洗干净，放入清水中浸泡 2 小时左右（薏米不容易煮熟，浸泡的时间一定要够长）。在锅中加适量清水，把薏米放进去，用大火煮至沸腾，然后改用小火将薏米煮熟，把蜜橘、白糖放入锅中，煮至沸腾即可。

功效：薏米有健脾消水肿的功效，跟水果进行搭配，可做出清爽甘甜又能健脾消肿的美味。

清热解毒汤：清清爽爽的女人才惹人爱

湿热在中医里是一个很常见的概念，人体内很容易积攒毒气和湿气，这些废气一般不会立刻表现出来，会在身体一直堆积下去，在春季换季的时候一次性迸发出来。春天风多雨少、气候干燥，气温变化反复无常，使人体免疫力和防御功能下降，容易诱发一些因湿气和毒气堆积而引起的疾病，因此，合理地调整饮食就显得尤为重要。

女性怎样才能既吃得营养美味、又能轻松地清热解毒呢？试试用汤品来解决吧！

靓汤原理

清热解毒汤的主要功用是降火气、祛湿气、排毒，所以在食材的选择上以豆制品和瓜果为主，还可选择有清热解毒作用的鱼肉。

明星食材

肉类：牛蛙、鸭肉、兔肉等。
鱼类：青鱼、鲫鱼、鲢鱼、草鱼等。
豆制品：绿豆、蚕豆、赤小豆、黄豆等。
蔬菜类：白萝卜、茄子、白菜、芹菜、黄花菜、茼蒿、茭白、竹笋、荸荠、冬瓜、丝瓜、黄瓜、苦瓜等。
水果类：香蕉、甜瓜、西瓜等。
中药辅助类：菊花、荷叶、菱角、芦根、连翘、地骨皮、决明子等。

清热解毒小贴士

含牛黄、石膏的药品是去火、清热的最佳选择。平时常见的牛黄解毒丸、防风通圣散、牛黄上清丸等中成药中含钙、镁、铁等金属元素，而四环素类中所含酰胺基及多个酚羟基，与牛黄、石膏中的金属离子结合，形成难溶、难吸收的络合物，对健康也很不利，所以这两类药不要一起吃。

靓汤登场

枸杞银耳汤

材料：银耳（干）10克,枸杞子10克,冰糖20克。

做法：将银耳用清水泡发，撕小朵洗净。枸杞子用清水洗净浸泡3分钟后，与银耳、冰糖共放入锅内，加适量清水，用大火煮沸，改用小火煮，至银耳熟烂即可。

功效：银耳能滋阴清热、润肺止咳。女性长期食用还有润肤、祛除脸部色斑的功效。

雪梨罗汉汤

材料：雪梨1个，罗汉果1个。

做法：雪梨去皮去核，洗净，切成小块；罗汉果洗净。雪梨和罗汉果一同放入锅中，加入适量清水，大火煮沸后，改用小火再煮30分钟即可。

功效：润喉消炎、清热滋阴，适用于急慢性咽炎。外感病邪、肺寒咳嗽者慎食。

菊花鱼片汤

材料： 草鱼1条（约500克），冬菇50克，菊花5克，姜5克，葱1段，料酒10毫升，盐适量。

做法： 将菊花瓣摘下，用清水浸泡，沥干水分。将食材洗净，草鱼切成3厘米见方的鱼片，姜切片，冬菇切片。汤锅内加入清水，投入姜片和葱段，盖盖烧开后下入鱼片和冬菇片。倒入少许料酒，等鱼片熟后，捞出冬菇片、葱段、姜片，放入菊花、盐调味。喝的时候，可根据自己的喜好，放少许黑胡椒或者香油。

功效： 冬菇味甘、性微寒，益胃、清热化痰；菊花能清肝养肾。此汤可以消除口干口苦、咽喉不适，预防暑气。

生地黄煮鸭蛋

材料： 生地黄10克，鸭蛋2个，冰糖5克。

做法： 用砂锅加入清水2碗浸泡生地黄半小时，将鸭蛋洗净同生地黄共煮，蛋熟后剥去皮，再入生地黄汤内煮片刻，服用时加冰糖调味。

功效： 生地黄清热凉血、生津、养血，常用于治风热牙痛、阴虚手足心发热等。

绿茶杏仁汤

材料： 绿茶2克，甜杏仁9克，蜂蜜2.5毫升。

做法： 将甜杏仁入锅，加适量水煎汤。煮沸片刻后，加入绿茶、蜂蜜。再煮5分钟左右，至沸腾即可。

功效： 味道清淡可口，有清热润肺、排毒祛痰的功效。苦杏仁有毒，切勿多食。

莴苣花椰菜汤

材料： 莴苣120克，花椰菜150克，肉馅100克，料酒、盐、味精各适量。

做法： 莴苣洗净，切成大小合适的块状。花椰菜撕成小块，洗净。肉馅用料酒、盐腌制10分钟。烧一锅水，将肉馅挤成丸子放进去，直到肉色变白。将莴苣和花椰菜放入，一同煮1个小时。出锅前，加入适量盐、味精调味即可。

功效： 常吃花椰菜，可以增强肝脏的解毒能力，还可有助于预防感冒和坏血病的发生。

萝卜益气汤

材料： 白萝卜200克，冬瓜200克，青菜心50克，葱、姜、高汤、植物油、盐各适量。

做法： 白萝卜、冬瓜去皮洗净切片，青菜心择洗干净，葱洗净切末，姜洗净切丝。锅置火上，放入适量植物油烧热，下葱末、姜丝爆香，白萝卜片、冬瓜片入锅翻炒，加适量高汤，大火煮沸后转小火慢炖。炖至白萝卜、冬瓜熟透后加青菜心、盐略煮即可。

功效： 清肺排毒、化痰止咳、利尿消肿、清热祛暑。可用于暑热口渴、痰热咳喘、水肿、痤疮、痔等。

芹藕汤

材料： 莲藕、芹菜各150克，花生油、盐各适量。

做法： 芹菜连叶洗净，切段；鲜藕洗净，刮去外皮，切片。汤锅内放花生油，八成热时下入芹菜段、藕片，煸炒1分钟。加入盐，加水500毫升，煮沸即成。

功效： 莲藕味甘，性寒，归心、脾、胃经，具有清热润肺、生津、散瘀、止血的功效，适宜肺热咳嗽、烦躁口渴、食欲缺乏者食用。

黑木耳柿饼汤

材料： 柿饼2个，黑木耳10克，红糖30克。

做法： 黑木耳用水泡发洗净，柿饼去蒂。将二者一同放入锅内，加入适量的清水，放在大火上烧沸，转用小火煮5分钟。加入红糖稍煮片刻，待其自然冷却后就可以食用了。

功效： 清热镇咳、祛痰化湿。适用于咽喉热痛、咳嗽痰多的女性食用。

菊花柠檬蜂蜜饮

材料： 干菊花4~5朵，柠檬4片，蜂蜜50毫升。

做法： 将干菊花冲洗一下，放在壶里，注入开水。泡到菊花出味、水变温时加入柠檬片和蜂蜜，搅拌均匀。将整壶菊花柠檬蜂蜜茶放入冰箱冷藏，喝前可加入冰块。

功效： 清热解毒、美白养颜。

抗衰减龄汤：留住青春不是梦

"最是人间留不住，朱颜辞镜花辞树"，对于爱美的女性来说，衰老是一个劲敌。然而，现在环境污染对人体侵害的日益加重，都市女性生活节奏的加快，以及饮食结构的不合理等种种原因，都会促使衰老提早到来。女性应经常喝一些具有抗衰老功效的汤品，可以有效抵抗衰老的侵袭，让身体充满活力。

靓汤原理

抗衰减龄汤的主要功效是延缓衰老，女性在煲汤时要尽量选择一些有抗衰老功能的中药，如莲子、肉苁蓉等。

明星食材

中药辅助类：芡实，枸杞子，莲子，菊花，肉苁蓉。

抗衰减龄小贴士

俗话说，"笑一笑，十年少"。女性要想容颜不老，除了用护肤品外养，加之汤品内调之外，最重要的还是要保持乐观的生活态度，用感恩之心对待生活中的起起伏伏，心态好了，人的精神状态就好，美丽就会由内而外散发出来，衰老也就会敬而远之了。

靓汤登场

桂圆枸杞鸽蛋汤

材料： 桂圆5粒，枸杞子20粒，鸽蛋3个，米酒600毫升。

做法： 鸽蛋磕入碗中打成蛋液；桂圆剥壳后，与米酒一起放入砂锅或不锈钢锅中，以大火煮沸。加入枸杞子，转小火煮10分钟左右。倒入鸽蛋液不断翻搅，至蛋花成形即可。

功效： 古人称枸杞子为"却老"，长期食用枸杞子，对失眠、健忘、视力减退、贫血、须发早白、消渴都有改善作用。桂圆补血养肝，与枸杞、鸽蛋同食，美容抗老。

桂圆莲子百合汤

材料： 莲子100克，百合20克，桂圆肉30克，蜂蜜适量。

做法： 将莲子、百合用水泡发；桂圆肉洗净。锅中倒入适量水煮开，放入莲子、桂圆肉和百合再煮约15分钟，关火，加适量蜂蜜调匀即可。

功效： 莲子有养心、益肾、补脾、止泻、抗衰老的食疗作用。《神农本草经》记载"莲子补中养神，益气力，除百疾，久服轻身耐老，不饥延年"。《本草拾遗》还记载莲子能"令发黑不老"。

强化体质汤：让美人儿远离药罐子

《红楼梦》一书中，王熙凤评价贾府人物时，说林黛玉是"美人儿灯，风吹吹就坏了"。现代女性都不想做林黛玉这样的病美人儿，而是以"女汉子"的标准要求自己，这就要求有好的体质做后盾。其实女性经常用一些温补的食物煲汤，能够滋养五脏、扶正固本、培育元气，促使体内阳气升发，使身体更强壮，远离药罐子，做健康的美人儿。

靓汤原理

煲制强化体质汤的主要秘诀就是用料，避开寒凉的食材，选择一些对女性有益的温补食材，并且有丰富的维生素和氨基酸等成分，让阳气生发，提高免疫力。

明星食材

肉类：牛肉，羊肉。

强化体质小贴士

子宫是女性特有的器官，对女性的美丽和健康起到巨大的作用，而现在很多女性因为大量食用冷食、久待空调房、快速减肥、多次流产等原因，造成宫寒，而宫寒是很多妇科疾病的根源，严重影响着女性的身体健康。所以女性要改变不良生活习惯，调理子宫，让子宫不再"寒冷"。

靓汤登场

萝卜牛肉汤

材料：牛肉（瘦）500克，白萝卜500克，料酒、盐、葱末、姜片各适量。

做法：牛肉洗净、切丝，白萝卜洗净、切块。油锅烧热，倒入牛肉丝煸炒，烹入料酒，炒出香味盛起；炒锅中加1000克热水，放入葱末、姜片烧沸，放入牛肉丝煮20分钟，转小火炖至牛肉熟烂，放盐、白萝卜块煮至入味即可。

功效：牛肉性温，可温补气血。此汤若放一两个西红柿还能有防感冒的食疗效果。要注意，牛肉中含有丰富的维生素B$_6$和水溶性营养物，经过长时间炖煮才能慢慢释放到汤中。

黄豆炖鸡

材料：鸡1只（约1000克），黄豆20克，红辣椒、葱段、姜片、米醋、盐各适量。

做法：鸡洗净、切块，焯水。锅里放适量油，加葱段、姜片煸炒后捞出，再放鸡块，加米醋翻炒入味。将黄豆入锅，加足够的水，再重新下葱段、姜片、盐，烧开后，用小火焖煮1.5小时至鸡肉脱骨即可。

功效：黄豆味甘，有和胃、调中、健脾、益气的食疗功效。黄豆的营养成分比较齐全，其中蛋白质是"完全蛋白质"，含赖氨酸较高，能弥补粮食中赖氨酸的不足，经常食用能够强身健体。

丰胸健美汤：健美身材喝出来

除了如花的容颜，"S"形身材也是女性毕生的追求。让乳房坚挺而饱满，是每个女人的梦想。然而，有些女性天生就是"太平公主"，而且乳房会随着年龄的增长而渐渐下垂，失去弹性。女人想要让胸部丰满，不妨常做健胸运动，还可以秉持"养于内，美于外"的原则，煲一些丰胸汤，喝出健美的身材。

靓汤原理

对于有丰胸需求的女性，建议多吃黄豆、木瓜、葡萄、牛肉、猪蹄、核桃等食物。这些食物大多富含维生素E、B族维生素。维生素E可以促进卵巢发育，增加雌激素的分泌量，进而促进乳房发育，起到丰胸的效果。

明星食材

肉类：牛肉，猪蹄。

丰胸健美小贴士

女性的乳房发育、生长，是和脏腑经脉紧密相连的。女性的乳房属胃，乳头属肝，"脾主中焦运化""肝主统血"，因此要重点调节脾胃的营养吸收功能和肝脏的宣泄藏血功能。脾胃强健，人体营养吸收率高而且快，乳房自然健美。

靓汤登场

猪蹄黄豆汤

材料： 猪蹄 500 克，黄豆 50 克，甜玉米 20 克，八角 2 颗，姜 2 片，料酒、盐各适量。

做法： 黄豆浸泡 3 小时；猪蹄洗净，入锅煮 5 分钟，除去血水后捞出洗净。洗净的猪蹄放入高压锅，加入其他材料，一次性加入足够的水，烧开后转中小火高压 20~30 分钟。关火后闷 20 分钟，食用前加盐调味。

功效： 猪蹄富含胶原蛋白、维生素 A、各种矿物质及多种氨基酸，黄豆含有大量的优质植物蛋白，这些都是丰胸的必要元素。

南瓜牛丸汤

材料： 南瓜 200 克，牛肉 300 克，西红柿 2 个，甜玉米罐头 1 罐，鸡蛋液 200 克，香菜、葱花、蒜末各少许，盐、鸡精各适量。

做法： 南瓜洗净，切开去子、去皮，切丁。甜玉米开罐，沥干水分；西红柿洗净，放入开水中轻烫，去皮、子，切丁备用。将牛肉洗净，剔净筋膜，用搅肉机搅打成肉泥，放入容器内，加入鸡蛋液、盐、鸡精、葱花搅至上劲。起锅加油烧热，将牛肉泥挤出 15 克重的丸子，小火炸至丸子熟透，捞出。锅内放油烧热，炒香葱花、蒜末，下入南瓜丁炒软。加入适量清水煮沸后，下入西红柿丁、甜玉米粒、牛肉丸子煮至熟透。加盐调味，撒入香菜即可。

功效： 南瓜含有淀粉、蛋白质、胡萝卜素、B 族维生素、维生素 C 和钙、磷等成分，营养丰富；而牛肉属于高蛋白肉类，氨基酸组成比猪肉更接近人体需要，两者都含有丰胸所需的元素。

补气补血汤：气血双补，找回十八岁那年的桃花颜

"红颜弹指老，秋去霜几丝"，女性都希望自己面若桃花、惹人青睐，但是岁月总是那么无情地在女性的面容上刻下标记。女性在月经、怀孕、分娩等特殊生理过程中，易受到风、寒、暑、湿、热等邪气的侵害，气机失调、气血不和，从而导致内分泌失调。所以女人想要美丽、健康，就要保持气血旺盛。

靓汤原理

有些食物富含造血原料，如动物肝肾、动物血、鱼、虾、蛋类、豆制品、黑木耳、黑芝麻、红枣、花生及新鲜的蔬果等。

明星食材

肉类：乌鸡，泥鳅。
其他：阿胶，红枣，当归。

补气补血小贴士

愉快的心情可以增强机体的免疫力，良好的心态能促进骨髓造血功能。保持乐观的心态，有利于身体气血流通，皮肤也会红润、富有光泽。另外，保证充足的睡眠和适量的运动，人才会精力充沛、气血充盈。起居有常的生活方式使人健康。

靓汤登场

泥鳅汤

材料：泥鳅200克，水发木耳10克，春笋50克，姜2片，葱花5克，料酒、盐各适量。

做法：用热水洗去泥鳅黏液，去内脏，用油稍煎。将春笋洗净、切成片；木耳切成小朵。锅中加入适量的水，将泥鳅、姜片、葱花、料酒一起同煮，至水开。把春笋片和木耳倒入汤中，继续煮至肉熟烂。加入盐调味，再煮5分钟即可。

功效：泥鳅含脂肪较少，属高蛋白、低脂肪食材，可补虚养身、健脾开胃。而春笋味道清淡鲜嫩，营养丰富，含有充足的水分、丰富的植物蛋白以及钙、磷、铁等人体必需的营养成分。木耳中铁的含量极为丰富，是补血佳品。

苹果甲鱼羊肉汤

材料：甲鱼1只，苹果150克，羊肉500克，盐、胡椒粉、姜片、鸡精各适量。

做法：将甲鱼洗净、去壳，切成小块。羊肉洗净，切成片状或块状均可。苹果削皮，洗净，切成小块。将甲鱼和羊肉块一起入锅，煮至八成熟。加入苹果块、姜片、大火煮开。改用小火炖熟，最后加入盐、胡椒粉、鸡精调味即可。

功效：气血双补、补虚养身、滋阴养颜，适用于营养不良和月经不调的女性饮用。

枸杞山药鸭肉汤

材料：山药100克，鸭肉350克，枸杞子20克，盐3克。

做法：山药去皮洗净，切成块；鸭肉洗净，用热水焯一下，切成小块。将山药块、鸭肉块放入锅内，添水烧开，小火煮至熟透，加入枸杞子，稍煮片刻。再将山药块捞出放入果汁机内打匀成泥，再放入原汤内，最后加入盐调味，再烧开即可。

功效：山药对女性的价值主要体现在性味平和、不热不燥、健脾益肾的作用显著，可以先天后天双补元气，能补益肺、肾之气，培补中气最是平和。鸭肉补脾气，养胃阴。

黑豆黄芪红枣牛肉汤

材料：牛肉200克，黄芪30克，黑豆30克，红枣（干）50克，盐5克。

做法：将黑豆、黄芪、红枣洗净，牛肉洗净，切块；将上述材料一起放入锅内，加清水适量，大火煮沸后，小火煮1.5小时，加盐调味即可。

功效：随量饮汤食肉，健脾益气固表。适用于神经衰弱属脾虚气弱、卫外不固者，症见面色发白、自汗、盗汗、体倦神疲、少气懒言、食欲减退。

黄芪鳝鱼汤

材料： 黄芪9克，鳝鱼300克，姜1片，红枣5个，蒜2瓣，盐5克。

做法： 黄芪洗净，红枣去核，蒜切片，姜切丝，鳝鱼去肠杂、斩块。在油锅中放入鳝鱼块、姜丝，炒至鳝鱼半熟，将除盐外的全部材料放入锅内，加适量清水，大火煮沸后，再以小火煲1小时，加盐调味即可。

功效： 补气养血、健身美颜。用于气血不足引起的面色萎黄、消瘦疲乏等。鳝鱼是补血佳品，红枣可以养血安神，黄芪补气，气足则血旺，诸药合用，滋补的功效就会大大加强。

太子参炖柴鸡

材料： 太子参8克，柴鸡250克，盐、葱段、姜片、料酒各适量。

做法： 将柴鸡切块，在沸水中焯后，将水倒掉。将柴鸡块与太子参、葱段、姜片、料酒一起入锅，加清水炖约2小时，至熟透后加入盐稍煮几分钟即可。

功效： 补气血、健脾胃、丰肌健体。适用于气血亏损、疲劳、食欲不振、面黄肌瘦等症的辅助性食疗。

归芪防风猪瘦肉汤

材料：当归、黄芪各9克，防风4.5克，猪瘦肉块60克。

做法：将前3味中药用干净纱布包裹，与猪瘦肉块一起炖熟，饮汤食猪瘦肉。

功效：归芪防风猪瘦肉汤的补气固表作用较好。黄芪具有补气固表、升阳的作用；防风具有祛风解表、除湿止痛、疏肝解痉、杀虫止痒的功效；再加上瘦肉，肉本身就有筋有血，可以调养身体，与黄芪、防风合在一块，能够起到补益气血、调养身体的作用。

菠菜鸭血汤

材料：鸭血200克，菠菜150克，枸杞子、葱段、姜片、香油、盐各适量。

做法：菠菜洗净、切段，放入沸水中焯一下。鸭血切片。砂锅内倒适量清水，放入葱段、姜片、鸭血、枸杞子，大火煮开后转中火煮。鸭血将熟时，放入菠菜，加盐调味后再煮片刻，淋入香油即成。

功效：清肝热、养肝血。适用于肝火过旺、肝阳上亢、肠燥便秘者。

鸽子汤

材料：鸽子1只，香菇3朵，木耳1朵，山药200克，红枣8枚，枸杞子、姜片、葱段、料酒、盐各适量。

做法：锅中加水烧开，加少许料酒，将处理干净的鸽子放入，焯去血水，捞出待用。香菇、木耳分别用温水泡发，洗净；山药削皮，切块。砂锅放水加热至沸腾，放入姜片、葱段、红枣、香菇、鸽子，转小火炖1.5小时。放入枸杞子、木耳、山药块，再炖20分钟，加盐调味即可。

功效：补虚劳，益气血。适宜慢性肝炎症见乏力气短、食欲不振的女性。

红枣乌鸡汤

材料：枸杞子40克，红枣20颗，姜1块，乌鸡1只，盐、酱油、料酒各适量。

做法：将乌鸡洗净，去毛、去内脏，放入沸水中滚5分钟，捞起，用水洗净，沥干水。枸杞子用温水浸透，用水洗净，沥干水。红枣和姜用水洗净，红枣去核，姜要刮去皮、切成片。瓦罐内加入清水、料酒，先用大火将水烧开。放入以上材料，等水再开，改用中火煲3小时。加酱油、盐调味即可。

功效：补血健脾、益气活血、养颜润肤。

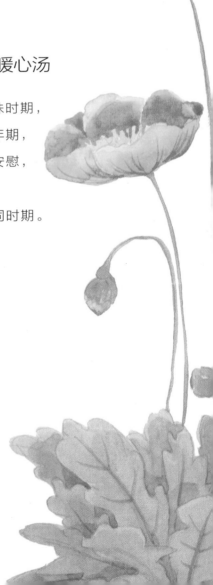

女人特殊时期的一碗暖心汤

女人一生中要经历几个特殊时期，

经期、孕期、产后、更年期，

每个时期都需要身心的安慰，

而一碗暖心汤

能够帮助女性安然度过不同时期。

经期喝汤：赶走各种不适，让女人"月"来越美丽

对于身体健康的女性来说，月经是固定周期内都要出现的"老朋友"，然而对不少女性来说，月经会给她们带来烦恼，因为它会引起腹痛。往往从经前一两天起，就有一阵阵的腹痛、腰酸感；较重的连肛门、外阴也牵连着痛，还有恶心、呕吐、手脚发冷等症状；更重的甚至卧床不起。

调查发现，大约 60% 的女性需要忍受痛经之苦，且有 7%~15% 的女性会有严重的疼痛，甚至无法正常工作。有的生完孩子之后有所缓解，但依然摆脱不了痛经的"纠缠"。

应该说，月经是一种生理现象，按理就不应发生疼痛。行经时有少许不适，本属正常，如若心存恐惧，误以为"来月经一定要痛"，这种不适就会加重。医生认为，一般的不适或稍有疼痛，那不叫痛经；只有下腹痛得厉害，不能正常生活和劳动的，才可归入痛经范畴。严重的病理性痛经需要就医，而平时困扰女性的一般性经期不适，便可以试着用汤水来缓解。

明星食材

当归，红糖，红枣，姜，阿胶，乌鸡。

靓汤登场

当归益母草蛋

材料： 鸡蛋 3 个，益母草 30 克，当归 5 克。

做法： 将益母草除去杂质，与当归一起放入水中洗净，放入 3 碗清水，煎煮成 1 碗，去渣取汁；鸡蛋煮熟去壳，用牙签扎数个小孔。将去壳的鸡蛋放入锅中，倒入药汁，炖煮半小时即可。

功效： 补血调经，用于血虚、血瘀所致的月经不调、痛经。热盛出血者禁食，湿盛中满、大便溏泄的女性慎食。

姜糖茶

材料： 姜 4~5 片，红糖适量。

做法： 锅中加水，放入姜片、红糖，大火烧沸后续煮 10 分钟即可。

功效： 红糖有活血化瘀的作用，姜可以温中补虚，两者搭配，能防寒祛瘀，使子宫中的瘀血顺利排出。

八珍汤

材料： 党参6克，白术6克，茯苓9克，炙甘草1.5克，熟地10克，当归5克，川芎3克，白芍5克，红枣2~3个，姜5克。

做法： 将所有材料放入砂锅中，加3碗水煎至1碗。去渣，喝汁。月经开始前一天开始服用，每天1次，连服7天。

功效： 八珍汤是补气益血的佳品，对气血两虚所致的面色苍白、头昏眼花、痛经、月经不调等有效。

鸡蛋阿胶汤

材料： 鸡蛋1个，阿胶10克，红枣6克，红糖适量。

做法： 红枣放入锅中，加入适量清水，大火煮沸后，磕入鸡蛋煮沸，改用小火煲约1小时。将阿胶捣碎，放入碗内，用煮沸的红枣、鸡蛋汤溶化，加入红糖调匀即可。

功效： 益气补血、调经止痛。感冒、高血压、糖尿病及胃弱便溏的女性慎食。

山楂红糖水

材料： 山楂7颗，红糖20克，姜2片。

做法： 山楂去核，洗净。姜切成丝。红糖放入清水中煮开。再放入山楂和姜丝，同煮30分钟即可。

功效： 山楂性微温，味酸甘，有行气活血、化瘀止痛的作用。此汤适宜气滞血瘀导致的痛经和闭经的女性饮用，有开胃健食、补血养阴的功效。

核桃藕粉糊

材料： 核桃仁 100 克，藕粉 30 克，白糖 10 克。

做法： 将核桃仁洗净，用油炸酥，研成泥状，和藕粉一起，用适量清水调成糊状。煮沸清水适量，放入核桃藕粉糊和白糖，不断搅拌，煮熟即可。

功效： 藕粉有散瘀血、生肌止痛的功效，再搭配以核桃，对于由血瘀所引起的痛经有缓解作用。

孕期喝汤：打造元气满满的孕妈妈

　　孕期是女性的一个特殊时期，这期间一个新的生命在孕妇的子宫里生长、发育。《千金药方》说："儿之在胎，与母同体，得热则俱热，得寒则俱寒，病则俱病，安则俱安，母之饮食起居，尤当缜密。"孕期饮食养生，对于保护孕妇身体健康、预防孕期并发症、保证胎宝宝的正常生长发育、减少胎宝宝的死亡率以及满足临产分娩和产后哺乳的需要都具有十分重要的作用。

　　在孕育新生命的过程中，孕妇难免有时候身体不适。作为孕妈妈，为了胎宝宝，对许多药是有禁忌的。其实，除了药物，有些食物也可以帮助孕妈妈调理孕期的身体不适。食疗最显著的特点是对人体无毒副作用，可长期食用，是调理身体健康的最优先选择，尤其适宜于妊娠期病症的调理治疗。接下来就针对一些具体的妊娠不适，提供对症又好喝的汤饮。

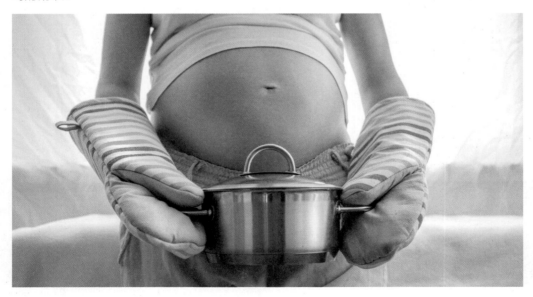

明星食材

鸡肉，牛肉，猪肝，冬瓜，银耳，鸡蛋。

靓汤登场

孕期疲劳：麦芽蜜枣瘦肉汤

材料： 麦芽6克，猪瘦肉100克，蜜枣20克，盐适量。

做法： 将麦芽用锅炒至微黄。将蜜枣洗净；猪瘦肉洗净，切成片。将蜜枣、炒麦芽放入砂锅中，用小火煮45分钟。再将猪瘦肉片放入，转大火将猪瘦肉片煮熟，出锅前放盐调味即可。

功效： 麦芽含有丰富的维生素B₆、叶酸和磷脂，在一定程度上能帮助孕妈妈缓解疲劳。

妊娠腹泻：糯米山药粥

材料： 糯米1杯，大枣10粒，山药300克，枸杞子2大匙，白糖1/2杯。

做法： 糯米洗净，加水6杯，烧开，改小火煮粥，大枣泡软，放入同煮。山药去皮、切丁，待粥已形成时放入同煮至熟，并加糖调味。最后加入洗净的枸杞子，一煮溶即关火盛出。

功效： 既滋补脾胃又可起到辅助治疗腹泻的作用。

妊娠高血压：冬瓜银耳羹

材料： 冬瓜 250 克，银耳 30 克，油、盐、鸡精各适量。

做法： 先将冬瓜去皮、瓤，切成片状；银耳水泡发，洗净。锅放火上加油烧热，把冬瓜片倒入煸炒片刻。加水、盐、烧至冬瓜将熟时，加入银耳、鸡精调匀即成。

功效： 冬瓜有降血压的功效，银耳所含的银耳多糖有抗血栓形成的功效，也可保护心脑血管。

妊娠糖尿病：苦瓜瘦肉汤

材料： 猪瘦肉 100 克，苦瓜 60 克，盐、淀粉、蚝油、油各适量。

做法： 将猪瘦肉洗净，捣烂；蚝油、盐、淀粉适量，与猪瘦肉末混合均匀。将苦瓜洗净，横切成筒状，长约 5 厘米，挖去瓜瓤，填入瘦肉泥。锅烧热倒油，下苦瓜块爆炒片刻，即用漏勺捞起，放入瓦煲内，加少量水，小火焖 1 小时，待瓜烂味香即成。

功效： 苦瓜有助于控制血糖，适宜妊娠糖尿病的孕妈妈食用。

孕期胎火：冬瓜绿豆汤

材料： 冬瓜 200 克，绿豆 100 克，葱、姜、盐适量。

做法： 冬瓜去皮、去瓤，洗净切块；绿豆洗净；绿豆、葱、姜洗净后放入锅中加水烧开，煮至豆软。放入切好的冬瓜块，煮至冬瓜软而不烂，加盐调味即可。

功效： 绿豆性凉，味甘，有清热解毒、祛火消暑的功效。

孕期失眠：冰糖湘莲

材料： 莲子 120 克，菠萝肉 30 克，青豆、樱桃各 15 克，冰糖适量。

做法： 将莲子去皮、心，放入碗内，加温水适量，上锅蒸至软烂。青豆、樱桃洗净备用；菠萝肉切片。将冰糖放入锅内，加清水适量烧沸，加青豆、樱桃、菠萝片，大火煮开后关火。蒸熟的莲子倒去水，盛入大汤碗内，将煮开的冰糖水及其中的材料一齐倒入大汤碗中，见莲子浮起即可。

功效： 莲子除含有大量淀粉外，还含有生物碱及丰富的钙、磷、铁等矿物质和维生素，可养心安神、健脾和胃，有助于缓解孕期失眠。

妊娠水肿：茯苓芝麻煲瘦肉

材料： 黑芝麻60克，干菊花10朵，瘦肉400克，茯苓9克，姜3片，盐适量。

做法： 茯苓、干菊花冲净。瘦肉洗净切大块，汆水捞起。煮沸清水，放入茯苓、黑芝麻、瘦肉块和姜片，大火煮20分钟。转小火煲1个小时，放入干菊花，再煲20分钟。加入盐调味即可。

功效： 本汤有补脾和胃、壮筋骨的功效，适用于因脾虚湿盛而引起的孕期水肿。

妊娠感冒：葱白豆豉豆腐汤

材料： 豆腐250克，豆豉12克，葱白段15克。

做法： 将豆腐冲洗干净，切块；豆豉冲洗干净。将二者与葱白段一起放入砂锅中，加水煮开。改用小火炖5分钟即可。

功效： 葱白气味刺鼻，熏眼睛，含有挥发油，能够刺激汗腺，具有发汗散热的作用，豆豉也可以发汗退热，一般的感冒发烧可以用它辅助食疗。

妊娠贫血：鸭血豆腐汤

材料：鸭血250克，北豆腐300克，菜心适量，盐2克，香油10克，葱末5克。

做法：先将鸭血洗净，切成块；豆腐洗净，切成同样大小的块；分别放入开水中焯一下，捞出控净水。菜心择洗净，切段。锅置火上，放水烧开，放入鸭血块、豆腐块、菜心段，煮至将熟时，加盐、葱末调味，待汤再开，起锅盛入汤碗内，最后淋入香油即可。

功效：这款汤对孕妈妈缺铁性贫血有较好的辅助治疗作用，非常适合孕妈妈在孕期食用。

妊娠纹：松仁海带

材料：松子仁50克，水发海带20克，鸡汤、盐各适量。

做法：松子仁用清水洗净；水发海带洗净，切成细丝。将锅置火上，放入鸡汤、松子仁、海带丝，用小火煨熟，加盐调味即成。

功效：海带中含有丰富的胡萝卜素、维生素 B_1 等营养元素，可以有效防止皮肤老化，有效防止妊娠纹的发生。

产后喝汤：开胃、补身、催奶、变美，一个都不能少

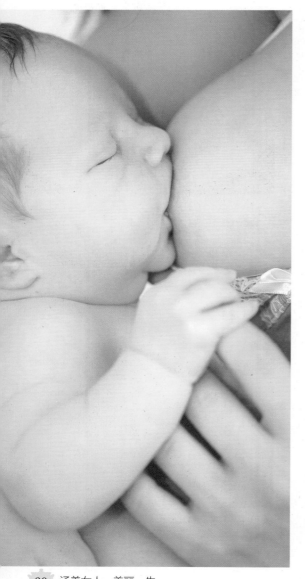

"十月怀胎，一朝分娩"，产褥期，尤其是产褥初期，新妈妈容易感到身体虚弱、疲乏无力。此外，由于胃肠功能趋于紊乱，新妈妈还可能会出现食欲不振的情况。这期间新妈妈不仅要摄入足够的营养补养好自己的身体，还要分泌足够的乳汁哺育刚刚出生的小宝宝，因此，产褥期新妈妈的营养补充是非常重要的，既要营养丰富，又要搭配合理。新妈妈产褥期的配餐设计要根据自己的体质适当补养，可使身体更快复原如初。

食补在月子里特别有效，尤其是各种汤类，不但能让新妈妈尽快恢复，而且可以提高乳汁质量，让宝宝健康成长。但是，在月子里也不是吃得越多越好，也要注意营养和搭配，才能取得更好的效果。

明星食材

猪蹄，薏米，银耳，排骨，木瓜，鲫鱼。

靓汤登场

开胃月子汤

薏米冬瓜排骨汤

材料：薏米 25 克，排骨快 150 克，冬瓜 100 克，盐、冬菇、姜适量。

做法：将薏米、排骨快洗净；薏米提前用水泡 3 个小时；冬瓜洗净、切块；姜洗净切片；冬菇泡发、去杂质。将排骨块先用水煮一下，滤去血水。将水放入砂锅，下入排骨块、薏米、冬菇、冬瓜块、姜片，盖上煲盖，水开后关小火，煲 50 分钟左右，加入盐调味即可。

功效：冬瓜、薏米有利尿作用，做这道汤时多加一些冬瓜，利尿的效果更加显著，能缓解水肿带来的肿胀感。

素什菌汤

材料：猴头菌、草菇、平菇各 50 克，干香菇 3 朵，白菜心 50 克，葱段、盐各适量。

做法：干香菇泡发后洗净，切去蒂部，剞花刀；平菇洗净切去根部；猴头菌和草菇洗净后切开；白菜心洗净瓣成小棵。锅内放入清水或素高汤、葱段和盐，大火烧开。放入其余材料转小火炖煮 10 分钟即可。

功效：这款素什菌汤味道香浓，有利于放松因疼痛而变得异常敏感和紧绷的神经，具有很好的开胃作用，很适合产后虚弱、食欲不佳的新妈妈食用。

蜜瓜猪蹄汤

材料： 猪前蹄 250 克，白甜瓜 100 克，甜杏仁 20 克，盐适量。

做法： 将白甜瓜去瓤，切开数块；猪前蹄洗净，去毛，切成小块；甜杏仁洗净，沥干。把猪蹄块、甜杏仁同放锅内，加水烧滚后下白甜瓜。待水沸腾时，改小火煲约 3 小时，出锅时加入盐即可。

功效： 猪蹄含有丰富的胶原蛋白，蛋白质含量丰富，脂肪含量低。蜜瓜和甜杏仁的加入让这道汤的外观和口感都大大提升，能够促进产妇的食欲。

乳鸽银耳汤

材料： 乳鸽 1 只（约 150 克），银耳 10 克，猪瘦肉 150 克，蜜枣 6 克，盐适量。

做法： 将乳鸽洗净，去爪，切块，猪瘦肉切块，同放入滚水中煮 5 分钟。取出乳鸽和猪瘦肉，用清水冲凉洗净。银耳用清水浸至膨胀。锅中放入水适量，煲滚，将浸至膨胀的银耳入锅中煮 3 分钟，取出洗净。再把适量清水煲滚，放入乳鸽、瘦肉和蜜枣煲约 2 小时，将银耳放入，再煲半小时，加盐调味即可。

功效： 这道汤开胃、易消化，新妈妈还可以根据自己的口味加入红枣或桂圆，补血滋润效果更好。

四宝鸽肉汤

材料：净仔鸽1只，莲子、桂圆、枸杞子、红枣各15克，盐、料酒、胡椒粉、鸡汤、葱、姜各适量。

做法：将净仔鸽洗净切成小块，放到沸水锅中焯透捞出，洗去血沫；将莲子、桂圆分别放入碗中，加入清水上笼蒸熟。枸杞子、红枣洗净，葱洗净切段，姜洗净切片。将焯好的鸽肉块放到汤盆里，再放入莲子、桂圆肉、枸杞子、红枣，注入鸡汤，放入葱段、姜片、料酒、盐、胡椒粉，上笼蒸40分钟，拣去葱、姜即可。

功效：在各种肉类中，鸽肉含蛋白质较为丰富，维生素E及造血用的微量元素含量也比一般的家禽要丰富，对产后女性、术后及贫血者具有补养功能。

党参当归猪腰汤

材料：猪腰200克，当归、党参、山药（干）各5克，姜3片，盐、料酒适量。

做法：猪腰切开，剔去里面的筋膜，洗干净后切片，备用；当归、党参、山药（干）放入干净的纱布袋里，扎紧纱布袋的口。将猪腰片、纱布袋、姜片一起放入砂锅中，倒入料酒和适量清水，大火煮沸后，撇掉水面上的浮沫，然后转小火炖1个小时，加盐调味即可。

功效：此汤用中药材搭配猪腰，适合产后补血，味道要比中药汤剂好很多。在炖这道汤的时候，山药要用中药店里买的干山药片，不要用新鲜的山药。

赤小豆乌鸡汤

材料： 乌鸡1只，赤小豆200克，陈皮、姜片各10克，盐适量。

做法： 乌鸡处理干净，剁成块，放入沸水中焯一下，捞起备用；赤小豆洗净，用清水浸泡30分钟左右；陈皮洗净。将乌鸡、赤小豆、陈皮、姜片放入砂锅中，加入适量清水，大火煮沸后转小火炖2个小时，加盐调味即可。

功效： 民间常用乌鸡来补血、调理妇科疾病，"乌鸡白凤丸"就是用乌鸡作为主要药材的。赤小豆含有多种维生素和微量元素，尤其是铁和维生素B_{12}，有很好的补血和促进血液循环功能。

糯米酒红糖煮鸡蛋

材料： 糯米酒50毫升，鸡蛋2个，红糖适量。

做法： 将糯米酒放入煲里，加清水1碗，煮开。将鸡蛋煮熟后去壳，放入煲里，再加入红糖即可食用。

功效： 可补血补气，散寒祛瘀，适合任何体质的新妈妈食用。

胡萝卜牛蒡排骨汤

材料: 排骨200克,玉米1根,牛蒡、胡萝卜各50克,盐适量。

做法: 排骨洗净,切成4厘米长的段,用热水煮出血沫,捞出用清水冲洗干净,备用;牛蒡用小刷子擦去表面的黑色外皮,切成小段;玉米切小段,胡萝卜洗净、切成滚刀块,备用。把排骨段、牛蒡段、玉米段、胡萝卜块一起放入锅中,加清水大火煮开后,转小火再炖1小时,出锅时加盐调味即可。

功效: 牛蒡含有一种非常特殊的成分——牛蒡苷,可增强产后新妈妈的免疫力。

杜仲养腰汤

材料: 杜仲10克,米酒适量。

做法: 杜仲与米酒一同熬汤。

功效: 这款汤有促进骨盆恢复、防止腰酸背痛的功效,适合产后16~30天饮用。

乌鱼通草汤

材料： 乌鱼（黑鱼）1条，通草3克，葱段、盐、料酒各适量。

做法： 将乌鱼去鳞及内脏，洗净。将乌鱼、通草和适量葱段、盐、料酒、水一起下锅炖熟即可。

功效： 通草味甘、淡，有清热利湿、通经下乳的功效，有助于新妈妈分泌乳汁。

黄花菜炖瘦肉

材料： 猪瘦肉300克，黄花菜80克，红枣10颗，盐少许。

做法： 将猪瘦肉洗净，切成小块备用。黄花菜洗净，红枣去核、洗净，同猪肉块、盐一起放入煲中煲至肉烂即可。

功效： 黄花菜性凉味甘，有止血、消炎、清热、利湿、消食、明目、安神等食疗功效，对小便不通、失眠、乳汁不下等有疗效，可作为病后或产后的调补品，也是产后气血不足所致的乳汁缺乏或停乳者的上佳食物。

鲢鱼丝瓜汤

材料： 鲢鱼 1 条（约 500 克），丝瓜 200 克，葱、姜、白糖、盐、料酒各适量。

做法： 鲢鱼去鳞，去鳃，去内脏，洗净后，切成 3 厘米长的段。丝瓜去皮，洗净，切成 4 厘米长的条，备用。葱洗净切段，姜洗净切片，备用。将鲢鱼段放入锅中，再加料酒、白糖、姜片、葱段后，注入清水，开大火煮沸。转小火慢炖 10 分钟后，加入丝瓜条。再煮至鲢鱼、丝瓜熟透后，拣去葱、姜，加盐调味即成。

功效： 鲢鱼能温中补虚，新妈妈经常喝鲢鱼丝瓜汤，对补充体力、促进乳汁分泌有益。

木瓜米酒

材料： 木瓜 500 克，醪糟 50 克，姜 50 克，冰糖适量。

做法： 将姜洗净，切大片；木瓜洗净去皮，切块。将木瓜块、姜片、糯米酒同置锅内，加适量水，大火烧开后转小火炖熟，加少许冰糖煮化即可。

功效： 木瓜可以通乳，有增加乳汁的作用，用于产后体虚力弱、食欲不振、乳汁不足。但每次食用木瓜不宜过多，过敏体质者应慎食。

西米火龙果

材料： 西米150克，火龙果1个，白糖100克，面粉20克。

做法： 西米用开水泡透蒸熟；火龙果对半剖开，取肉，切成小粒。锅烧热，注入清水，加入白糖、西米、火龙果粒一起煮开。将面粉加适量清水，做成芡汁，勾芡后盛入火龙果外壳内即可。

功效： 西米可以健脾、补肺、化痰，还可以使皮肤恢复天然润泽；火龙果中含有一般植物少有的植物性白蛋白，对重金属中毒有解毒的功效。

枣香山药羹

材料： 红枣、山药各100克，百合50克，冰糖、水淀粉各适量。

做法： 山药去皮、切成小丁，百合洗净、剥开。锅中放入清水，加入红枣、山药丁、百合，大火烧开，小火煮5分钟。加冰糖拌匀，用水淀粉勾芡即可。

功效： 百合有美容养颜的功效，很适合产后的新妈妈。

竹荪红枣茶

材料： 竹荪50克，红枣6粒，莲子10克，冰糖适量。

做法： 竹荪用清水浸泡1个小时，至完全泡发后，剪去两头，洗净泥沙，放在热水中煮1分钟，捞出，沥干水分，备用；莲子洗净去心；红枣洗净，去掉枣核，枣肉备用。将竹荪、莲子、红枣肉一起放入锅中，加清水大火煮开后，转小火再煮约20分钟，加入适量冰糖即可。

功效： 竹荪有减肥、降血压、降胆固醇的功效，是产后新妈妈瘦身的好食物。

荠菜魔芋汤

材料： 荠菜150克，魔芋100克，姜、盐各适量。

做法： 荠菜择洗干净，切成大片；魔芋洗净，切成条，用热水煮2分钟，去味，沥干，备用。姜洗净切丝，备用。将魔芋条、荠菜片、姜丝放入锅内，加清水用大火煮沸，转中火煮至荠菜熟软，加盐调味即可。

功效： 魔芋属于低热量、低糖、高纤维食物，魔芋中特有的束水凝胶纤维可以使肠道保持一定的充盈度，促进肠道的生理蠕动，加快排便速度，减轻肠道压力，是天然的肠道清道夫，也是产后妈妈瘦身食谱中不可缺少的食物之一。

更年期喝汤：平稳实现女人一生一次的重要过渡

　　更年期一般为 45~50 岁，包括绝经期和绝经前后的一段时间。女性在更年期卵巢功能退化，雌激素逐渐减少，身体和精神上会出现多种症状，如脸部潮红、疲倦、健忘、心情低落、烦燥、失眠等，骨质疏松症及心血管疾病更是威胁更年期女性的大敌。此阶段女性膳食要清淡低脂，选择植物油代替动物油脂，多吃蔬菜、水果、鱼类等含胆固醇较少的食物，多吃富含钙、铁的食物。

明星食材

苹果，银耳，莲子，小麦。

靓汤登场

附子杭菊饮

材料： 熟附子、杭菊各6克，决明子15克。

做法： 将上述材料用水煎后当茶饮。

功效： 附子有补火助阳、逐风寒湿邪的功效；杭菊有疏散风热、平肝明目、清热解毒的作用。此方适用于更年期综合征，表现为畏寒，月经过多、色鲜红等。

苹果雪耳煲雪梨

材料： 苹果2个，雪梨2个，泡发银耳25克，红枣20颗，蜂蜜适量。

做法： 苹果、雪梨先用滚水略烫，切块、去核；银耳去蒂，洗净；红枣去核。将除蜂蜜外的所有材料放入煲内，加入适量水，煲1.5小时，关火凉温后加入适量蜂蜜即可。

功效： 苹果性凉味甘，常食可生津润肺、补脑养血、安眠养神，无论是对心脾两虚、阴虚火旺、肝胆不和还是肠胃不和所致的失眠症都有较好的疗效。更年期失眠的女性最宜食用。

百合银耳莲子羹

材料： 莲子20克，银耳3克，鲜百合25克，枸杞子1克，冰糖20克。

做法： 银耳用清水泡2小时，去掉老蒂及杂质后撕成小朵，新鲜百合剥开洗净、去老蒂。将所有材料放入炖盅中，加适量水入锅蒸半个小时即可。

功效： 莲子性平，味甘、涩，可益肾气、养心气、补脾气。更年期女性常吃可起到养心安神、健脑益智、消除疲劳的作用。

甘麦红枣汤

材料： 炙甘草12克，小麦1克，红枣9颗。

做法： 将炙甘草和小麦洗净、沥干；红枣洗净，去核，一起入锅，加水适量，小火煎煮，煮熟烂即可。取煎液二次，混匀。

功效： 此汤能益气安神，适用于更年期女性脏器燥热、精神恍惚、时常悲伤欲哭不能自持或失眠盗汗。

枸杞炖兔肉

材料： 兔肉 250 克，枸杞子 15 克，姜丝、葱丝、料酒、盐各适量。

做法： 将兔肉洗净、切成大块；枸杞子洗净，备用。将锅放适量清水烧开，放入兔肉、枸杞子、葱丝、姜丝，大火烧开后转小火煮 90 分钟，加料酒、盐继续煮 15 分钟即可。

功效： 兔肉有补中益气、凉血活血的功效，兔肉高蛋白质、高铁、高钙、高磷脂、低脂肪、低胆固醇，有延年益寿、健美瘦身的作用，很适合更年期女性食用。

食疗胜于药疗，
用汤品解决女人的日常不适

女性日常生活中难免会出现一些小小的不适，
这时可以采用食疗这种安全有效的途径，
让汤品赶跑那些头疼脑热。

失眠：美人是"睡"出来的，好睡眠是"喝"出来的

现代女性要面临生活和工作的双重压力，焦虑、抑郁、紧张、激动、愤怒或伤心等都会导致失眠多梦的症状出现。睡眠质量不好，生活和工作都会受到影响，形成恶性循环，给女性带来极大的困扰。

梦是正常的生理现象，多梦与深睡眠时间短、睡眠深度不够、睡眠质量不高有关系，多梦并不是做梦次数的增多，而是对梦的记忆次数的增加。

所以女性在平时的生活和工作中，要尽量调整好心态，不要胡思乱想，听一听轻音乐，吃饭前可以喝养生汤，用食疗的方法循序渐进地调理失眠。

明星食材

肉类：鱼肉、羊肉、动物肝脏等。
蔬菜类：黄花菜、油菜、紫菜、玉米、芥菜等。
水果类：苹果、香蕉、菠萝等。
其他：血豆腐、木耳、蘑菇、酵母、黄豆、牛奶、核桃、糙米、芝麻等。

靓汤登场

大虾豆腐汤

材料: 虾 400 克,豆腐 1 块,香菇 150 克,西红柿 200 克,裙带菜 150 克,姜 1 块,胡椒粉、盐各适量。

做法: 豆腐切小块,西红柿洗净切块,香菇洗净切块,裙带菜洗净切丝备用。将虾冲洗干净,从后背开一刀,取出虾线备用。清水中加姜块,大火煮开,加入西红柿块、豆腐块、香菇块、裙带菜丝,大火煮开。加入虾,煮开后关火。调入胡椒粉、盐即可。

功效: 汤鲜味美,营养充足,有消炎解毒、预防动脉硬化、养肝养肾,补气健脑等功效,对神经衰弱、失眠、腹泻、骨质疏松等有一定食疗功效。

红枣葱白汤

材料: 红枣 60 克,葱 25 克,蜂蜜 25 毫升。

做法: 葱连根洗净,切下葱白。红枣洗净备用。红枣放入锅中,加入适量清水,放在火上烧开。转用小火焖煮半小时。加入连根葱白,再焖煮 5~10 分钟,去渣取汁,调入蜂蜜即可。

功效: 红枣有养颜美容、调理精血不足的作用,这款汤是调理女性失眠多梦的最佳汤品。

脱发：发为血之余，血气足才有健康秀发

脱发是困扰女性的严重问题，女性都想拥有一头健康的秀发，可是很多女性每每被大量脱落的头发折磨得黯然神伤。

脱发的一大主因是压力大。在精神压力的作用下，内分泌功能发生紊乱，导致毛发生长受到抑制，提前进入休止期而出现脱发的现象。

另外，毛发是身体状况的外在表现，血液热毒的阻塞、机体营养不良和新陈代谢异常，都会引起发质和发色的改变，严重营养不良甚至会让毛发大量脱落。血液中热毒堆积，各种病原体的感染，也是毛发脱落的主要因素之一，包括细菌、病毒、真菌、螺旋体、寄生虫等病原体感染。

很多女性都会有减肥的行为。由于头发的主要成分是蛋白质、铜、铁、锌等元素组成，如果因减肥过度节食，这些营养物质就会摄入不足，头发也会因营养不良而脱落。

明星食材

肉类：猪肉、鱼肉等。
蔬菜类：苋菜、菠菜、芥菜、黄花菜、莴苣、圆白菜等。
干果、豆类：芝麻、核桃、黑豆、花生、豆浆等。
其他：牛奶、鸡蛋等。

靓汤登场

制首乌羊肉汤

材料：制首乌 10 克，杜仲 10 克，粟米 200 克，核桃 4 颗，羊肉块 300 克，红枣 10 枚，姜 2 片，盐适量。

做法：红枣洗净，去核。核桃去壳，取仁，保留红棕色核桃衣。杜仲、制首乌、粟米、羊肉块、姜片和红枣用清水洗净。砂锅内加入适量清水，煮至水沸后，放入以上全部材料。用中火煲 3 小时左右，加入盐即可。

功效：补充人体内蛋白质，清热解毒，清除血液中的热毒，缓解脱发。

核桃花生露

材料：核桃 250 克，花生仁 100 克，白糖 30 克。

做法：核桃去壳，取仁，保留红棕色核桃衣。将核桃与花生仁一起放入锅内炒香。去掉花生仁和核桃的红衣。把去掉红衣后的花生仁和核桃研成粉末状，取出，加入白糖和水。中火煮至糖溶后，转中小火继续煮至浓稠即可。

功效：生发养发，补充发根、发梢的营养。

内分泌失调：正本清源，养足精气神

内分泌失调是女性常见的症状之一，引起的原因也多种多样，最常见的是饮食没有节制、疲劳过度、偏好某种味道的食物等，这些都会使脾胃功能受阻，吸收功能受限，废物糟粕容易残留在体内，从而引起各种内分泌失调症状。

另外，女性在月经、怀孕、分娩等特殊生理过程中，易受到风、寒、暑、湿、热等邪气的侵害，导致气机失调、气血不和，从而导致女性内分泌失调。

调节这种症状重在养"精气"和养"血气"，女人以血为本，以气为用，想调理好身体，一定要从这两方面着手。懂得喝汤养生的人最健康，再贵的药、再好的补品都没有从自然健康的食物中摄取养分来得更容易。

明星食材

肉类：鱼肉、鸡肉等。
蔬菜类：苦瓜、西蓝花、生菜、油麦菜、芹菜等。
水果类：苹果、木瓜等。
其他：蛋类食品、人参、银杏、蜂蜜等。

靓汤登场

黄绿豆鱼骨汤

材料： 鱼骨 500 克，黄豆 50 克，绿豆 50 克，姜 5 片，蜜枣 2 个，陈皮 1 片，盐适量。

做法： 黄豆、绿豆、陈皮泡洗干净。黄豆、绿豆、蜜枣、陈皮、3 片姜片放入汤锅，加 2500 毫升水，大火煲。热油锅中放 2 片姜片、适量的盐，再放入洗净沥干的鱼骨，煎至微黄。当两面都煎至微黄，开大火，倒入大半碗水煮开。大火煮至鱼骨汤颜色变成奶白色。鱼骨连汤一起倒入已经煲开的黄豆绿豆汤里，继续大火煲。大火煲 10 分钟左右，改小火煲 2 小时，加盐调味即可。

功效： 温补养胃，驱寒暖身，调节新陈代谢，缓解内分泌失调症状。

苦瓜排骨汤

材料： 排骨 400 克，苦瓜 200 克，鸡蛋 1 个，香菇 20 克，香葱 2 棵，姜 1 块，料酒、五香粉、盐、味精、面粉各适量。

做法： 排骨洗净后砍成块，撒上五香粉，再在排骨两面拍上面粉，鸡蛋打匀后涂在排骨上面。苦瓜去籽洗净，切成厚片。香葱洗净切段，姜洗净切片。香菇泡软洗净。把排骨放在砂锅底部，两边放上香菇。加料酒、水、香葱段、姜片，用小火焖 45 分钟。加盐和苦瓜片再炖 10~15 分钟，撒上味精即可。

功效： 除燥热，清肠毒，利于排便，可用于辅助治疗痤疮。

便秘：轻松排出折磨女人的毒素

现代人在饮食上过于精细少渣，忽略了富含膳食纤维食物的摄入，由于膳食纤维缺乏，令粪便体积减小，黏滞度增加，在肠内运动缓慢，水分被过量吸收而导致便秘。水分摄入过少，肠胃中的垃圾和废物不能通过"润滑剂"排出体外而在体内大量堆积，就会形成便秘。

现在的女性生活节奏快，运动的时间少，尤其是长期坐着工作的白领们，因为平时缺乏运动，肠道动力不足，所以无法及时将堆积的粪便排出体外，久而久之就会导致便秘。

长期便秘会带来许多不良后果，比如肛裂、痔疮等。有时还会因粪便在体内停留时间过长，毒素不能排出，导致健康受损。同时，便秘还会影响患者的情绪，出现烦躁、血压升高等症状。

如果女性被便秘困扰，应该多吃新鲜的蔬菜和水果，多喝排毒、润肠通便的养生汤。

明星食材

蔬菜类：芹菜、菠菜、韭菜、茼蒿、竹笋、苦瓜、冬瓜、黄瓜、绿豆芽等。
水果类：香蕉、苹果、梨、柚子、西瓜、草莓等。
中药类：牛蒡、芦根、白茅根、桑叶、芦荟等。
其他：核桃、松子、粗粮、酸奶、蜂蜜等。

靓汤登场

芹菜苹果汁

材料： 芹菜 300 克，苹果 1 个。

做法： 芹菜洗净，入沸水中余烫后捞出，切成 2 厘米左右的小段；苹果洗净，切成小块。将芹菜段和苹果块一同放入榨汁机中，加入少量凉白开，搅拌 1 分钟左右即可。

功效： 芹菜和苹果中的膳食纤维含量丰富，可促进肠道蠕动，减轻便秘症状。

烩香蕉汤

材料： 香蕉 250 克，白糖 50 克，酸奶适量。

做法： 香蕉去皮，切成小丁。锅置火上，加入清水 250 毫升。下入白糖，烧至糖化水沸，撇去浮沫。放入香蕉丁，待丁漂起，关火。静置，盛好后加入适量酸奶，搅拌均匀即可。

功效： 润肠排毒，预防便秘。

习惯性耳鸣：让女人的神经强大起来

耳鸣不是什么小毛病，女性如果有这种情况可要好好注意自己的身体了，这往往是身体内部出现状况的信号。耳鸣是指患者自觉耳内鸣响，如闻蝉声，或如潮声。耳鸣可伴有耳聋，耳聋亦可由耳鸣发展而来。二者在病因上有许多相似之处，均与肾有密切的关系。

耳痛、耳鸣、耳聋是由肾虚、郁火、风热、湿热、风寒所致。对于耳，中医有"肾开窍于耳"的论述，所以多从养肾入手，需要辨证施治。

其实，过度疲劳、睡眠不足，情绪过于紧张，暴震声或周边环境噪声过大，也可导致耳鸣的发生。咖啡因和酒精可使耳鸣症状加重。

有耳鸣症状的女性要消除不必要的忧虑、不安及压力，少食用一些刺激性食物，如咖啡、浓茶、辣椒等。避免长期待在过度喧闹及嘈杂的环境中，要有充足的睡眠及休息时间，多吃一些含铁丰富的食物。

明星食材

肉类：动物肝脏、瘦肉、虾等。
蔬菜类：黄红色蔬菜、紫菜、玉米、香菜、空心菜、韭菜等。
水果类：桃子、樱桃等。
其他：蛋黄、豆腐、高粱、糯米等。

靓汤登场

金针木耳猪肝汤

材料： 猪肝100克，金针菇50克，木耳10克，红枣10颗，盐适量。

做法： 将木耳用水浸透发胀，去除根蒂洗净；金针菇切去根部，撕开洗净。红枣用水洗净，去核。猪肝用水洗净，切片。煲中加适量水，大火煲至滚，放入金针菇、木耳和红枣。用小火煲约1小时，再放入猪肝片，加盐调味，待猪肝熟透，即可饮用。

功效： 缺铁会导致耳鸣、听力下降。猪肝富含铁元素，经常食用此汤对改善听力有一定的作用。

骨碎补红枣茶

材料： 骨碎补4克，红枣5克。

做法： 将所有材料切成小块后一并装入纱布袋，放入保温杯中。注入250毫升沸水，闷泡20分钟即可饮用。

功效： 耳鸣从某种意义上来说是肾虚的信号。因为"肾开窍于耳"，故"肾虚则耳鸣"。骨碎补性温、味苦，有补肾、接骨、活血、增强体质的作用，将其放入猪腰中煨熟后食用，对肾虚牙痛、耳鸣、久泻有一定疗效。骨碎补红枣茶为补肾益精的汤饮，能很好地缓解肾虚耳鸣的症状。

抑郁：用满满的维生素赶走不开心

引起抑郁的原因有很多，主要是生活事件的应激反应，如亲人病故、心理受挫、工作压力太大等，均可能导致抑郁。抑郁是一种心灵上的感受，不是性格缺陷，也不是疾病，通过自我心理调节及食疗方法，抑郁大多能恢复。

维生素 C 具有平衡心理压力的作用，富含维生素 C 的食物是各种新鲜蔬菜和水果，在自我调节抑郁心境的时间里，应保证每天至少吃 2 种水果和 500 克左右的蔬菜。蔬菜的种类应该多种多样，根、茎、叶、花、瓜、果都要涉及。

但是抑郁不同于抑郁症，抑郁症是一种疾病，如果医生诊断为抑郁症，建议配合药物和心理医生加以治疗，单靠食疗已经不管用了。

明星食材

肉类：深水鱼、鸡肉等。
蔬菜类：菠菜、南瓜等。
水果类：葡萄柚、香蕉、樱桃等。
其他：低脂牛奶、全谷食品等。

靓汤登场

菠菜茉莉鸡汤

材料： 鸡胸肉 300 克，茉莉花 20 克，鲜汤 1000 毫升，菠菜 50 克，水发木耳 50 克，鸡蛋 1 个，盐、味精、水淀粉、料酒、葱、姜各适量。

做法： 将鸡胸肉洗净，切成薄片。鸡肉片过凉水，捞出，放入盐、鸡蛋、料酒、水淀粉，搅匀上浆。将水发木耳、茉莉花、菠菜分别洗净。葱、姜洗净切末。锅中加入鲜汤，将除味精、菠菜、茉莉花外的材料一起放入。待开锅后再放入菠菜、茉莉花和味精，开锅即成。

功效： 菠菜除含有大量铁元素外，更有人体所需的叶酸。叶酸可帮助人体合成抗抑郁物质，帮助治疗抑郁症。

香蕉奶昔

材料： 香蕉 1 个，酸奶 1 个，冰激凌粉、白糖、冰块少许。

做法： 将香蕉去皮，切成 4 块，与酸奶、冰激凌粉，少许冰块，一起放入搅拌机内，搅拌 1 分钟。如果喜欢口味更甜些，可适量添加一些白糖。

功效： 这是一款能带来好心情的甜品，口感温润香甜。既有果香又有奶香，有助于将忧愁郁闷统统赶跑。

疲劳：改善人体平衡系统，让你活力满满

女性缺乏睡眠，或者睡眠质量不好，都会感觉疲惫。成年女性每晚应该睡 7~8 小时。

早餐吃得太少或不吃早餐，也很容易产生疲劳。女性要坚持吃早餐，每顿饭尽量包括蛋白质和糖类，保持身体能量的充沛，这样才能精神百倍地工作。如果因为有急事没有吃饭，可以买点零食来缓解，千万不要让自己挨饿。

长期焦虑或精神压力过大，也是容易产生疲劳的主要原因。

容易疲劳的人要注意检查一下肝功能。肝脏是人体的化工厂，当肝功能下降时解毒功能也必将减弱，使血液的酸性提高。当人体内的酸性偏高时，全身器官和组织细胞难生存而渐渐失去活力，人也就没有活力，而会经常觉得疲劳。

贫血是女性最主要的疲劳原因，多食含铁的食物或多喝补血养血的汤品都是不错的选择。

明星食材

肉类：猪肉、牛肉、羊肉、鸡肉、鸭肉等。
蔬菜类：胡萝卜、白菜、芹菜、洋葱、菠菜、油菜、西红柿、南瓜等。
水果类：西瓜、苹果、菠萝、梨、草莓等。
其他：海带、木耳、饼干、巧克力。

靓汤登场

苹果醋

材料：苹果300克，米醋、冰糖各适量。

做法：苹果洗净，擦干水分后去核、去皮，切片。取一个无水无油的玻璃罐下面铺一层冰糖，放一层苹果片。再一层冰糖一层苹果片，放满整个玻璃罐。倒入米醋，要将苹果片全部没入。盖上保鲜膜，静置2~3个月。

功效：苹果醋能够很好地中和鱼、肉、蛋、米、面等食物中的酸性物质，使人体内环境趋于碱性，进而增强抵抗力、消除疲劳。

健脾牛肉汤

材料：牛肉200克，大白菜300克，西红柿2个，土豆2个，胡萝卜1根，淀粉5克，酱油、姜片、盐各适量。

做法：牛肉冲净抹干后切碎及剁烂，拌入淀粉、酱油、盐腌10分钟。白菜洗净切长段；西红柿洗净，每个切4瓣；土豆去皮切薄片。胡萝卜去皮，切小滚刀块。锅烧热不加油，煸炒西红柿至软烂。往锅内加适量水，放入大白菜段、土豆片、胡萝卜块、姜片，煮15分钟。再加入腌好的牛肉，煮至牛肉变色，下盐调味即可。

功效：健胃消食，增加食欲，补充体力和能量，赶走疲劳。

口臭：喝出"小清新"

口臭的原因基本可以分为以下3种。

一是牙缝中、蛀牙空洞内藏匿的食物残渣以及假牙中藏匿的细菌，时间长了都会导致腐败气味，让你的口气不清新，这些都可以通过刷牙和口腔清洁的方法加以清除。

二是口腔和牙龈的原因，牙周溃疡的分泌物会造成微生物增加，从而产生口腔异味。这种异味是暂时的，也没有普遍性，只要炎症消除，异味也就不存在了。

三是肠胃问题引起的口臭，几乎每个人都发生过，严重者还成为了一种顽固的症状。因口臭不敢张口近距离对人说话，不仅自己难受，而且影响身边的朋友。这类原因引起的口臭，有时候用口香糖都压不住，这就是我们常说的"肠胃热"或者"胃火旺"。治疗这类口臭通常都要先清除肠内的废气和胃中的火气，这也不是一天两天就能治好的，要长期坚持用食疗的方法，排毒清热，除废降火，否则会治标不治本。

明星食材

蔬菜类：生菜、香菜、蒜苗、黄瓜、苦瓜、冬瓜等。
水果类：柚子、金橘、橙子、柠檬等。
花药类：荷叶、菊花、玫瑰花、金银花、百合等。
其他：蜂蜜、木耳、小米、茴香等。

靓汤登场

山楂陈皮茶

材料： 山楂 10 克，陈皮 6 克，生甘草 4.5 克。

做法： 将所有材料一同放入保温杯中。加入 250 毫升沸水，加盖焖 15 钟即可。

功效： 山楂、陈皮和甘草三者合用，可理气健脾、化滞消积，适用于消化系统疾病引起的口臭。

玫瑰百合枸杞汤

材料： 鲜百合 200 克，干莲子 20 粒，枸杞子 30 粒，蜂蜜 30 毫升，玫瑰酱 1 勺。

做法： 鲜百合瓣开，洗净后控干；莲子洗净，用温水泡软；枸杞子洗净，用清水浸泡备用。砂锅内加清水，开火，下入莲子。水开后转小火，盖盖将莲子煮 15~20 分钟。莲子煮软后下入鲜百合和泡好的枸杞子。盖上锅盖再煮 5 分钟关火，将百合莲子连同汤汁一起盛出。晾至温热后加入蜂蜜和玫瑰酱，搅拌均匀即可。

功效： 滋补温养，美容补水。玫瑰和百合都是可以入药的花卉，用蜂蜜加以调和，对口腔和牙龈健康都有益处，同时还可以降胃火、除口臭。

Part

女性生活方式不同，
选择的汤品也不同

汤品的种类繁多，
女性喝汤时也不能盲目，
而是要根据自己的生活和工作环境，
选择适合自己的汤品，
才能真正起到滋养的作用。

湿热地区的女性：清热降火，做清淡的女子

在湿热环境中，人体会由于出汗而流失一定量的铁、锌、铜、锰、硒等微量元素。在某些情况下，可加重微量元素的缺乏，应该考虑微量元素的营养平衡。高温环境中，绝大多数水溶性维生素可随汗排出，尤其是维生素 C，其次是维生素 B_1 和维生素 B_2。

另外，高温环境中人体对维生素 A 的需要量也应该增加。一定要少吃蛋白质丰富的食物，蛋白质的分解需要很多体内水分参与，

此时如果出汗过多但喝水很少的话，很容易脱水，同样道理，脂肪类也要少吃。不宜饮水过多，因为体内摄入的水分过多，超过出汗量，超量的水以尿的形式排出体外，这对人体散热和体温调节并无好处，反而会增加心脏和肾脏的负担。不宜过多补充盐，过多的钠对身体不利，可对心血管系统产生不良影响，甚至引起高血压。

明星食材

肉类：猪瘦肉、牛肉、羊肉、牡蛎、青虾、虾皮等。
蔬菜：西红柿、油菜、芹菜、茄子、笋、胡萝卜、毛豆等。
水果：苹果、香蕉、樱桃、葡萄、草莓、橘子等。
其他：鸡蛋、牛奶等。

靓汤登场

清笋汤

材料： 鲜冬笋 250 克，水发木耳 50 克，香菜 10 克，清汤 800 毫升，葱 1 段，姜 1 片，盐适量。

做法： 将冬笋去根、皮，切成薄片。放入沸水中略烫，捞出沥干待用。把木耳撕成适当大小的片；香菜洗净、切末待用。炒锅置旺火上加热，放入清汤，加入葱段、姜片、盐。煮一段时间后，再放入冬笋片、木耳片，煮沸。撇去浮沫，撒上香菜末即可。

功效： 本汤品口味清淡，含盐量少，可养肝调胃、补肾补气，可以快速补充人体流失的水分，还有活血凉血的功效。

鹅肉土豆芹菜汤

材料： 去皮鹅肉 400 克，土豆 500 克，西红柿 300 克，秋葵 100 克，芹菜 100 克，鸡汤 600 毫升，姜 1 块，番茄酱 1 勺，盐、胡椒粉各适量。

做法： 所有食材洗净，鹅肉切块；土豆、西红柿、秋葵分别切块；芹菜梗切段、芹菜叶切碎。鹅肉加入姜块、清水大火煮开，捞出。另起一锅，倒入适量水，加入土豆块、西红柿块、鹅肉块、芹菜梗、鸡汤，大火煮开。转小火煮50分钟。加入秋葵、番茄酱，大火煮开关火。加入盐、胡椒粉、芹菜叶调味即可。

功效： 滋味醇美、营养丰富，是高蛋白、低脂肪、低胆固醇的营养健康养生汤。

寒冷地区的女性：补中益气，元气充足才美丽

寒冷地区进食以补充脂肪、维生素和矿物质为主，含这些物质的食材可以为你的身体贮存一定热量和能量。不宜吃烧烤、油炸类的食物，这类食物会在你体内积攒垃圾和多余油脂，降低身体机能，体质会因此变差，抗寒能力也会随之下降，在相同温度下会更畏惧寒冷。

同时，食物菜肴味道浓厚，可以满足寒冷环境中人的口味需求，并且浓厚的调味能改善食物的风味，所以水和饮料中可适当加盐。

明星食材

肉类：羊肉、牛肉、狗肉、鸡肉、鱼肉等。
蔬菜：葱、辣椒、姜。
其他：粳米、黄豆及黄豆制品。

靓汤登场

羊肉墨鱼汤

材料： 羊肉 500 克，墨鱼（连骨）250 克，当归 30 克，山药 60 克，红枣 5 颗，姜 30 克，盐适量。

做法： 羊肉洗净，切块，用开水除去膻味。墨鱼洗净，取出墨鱼骨，略打碎。当归、山药、姜、红枣（去核）洗净，放入锅中。羊肉块、墨鱼、墨鱼骨一起放入锅内，加清水适量。大火煮沸后，小火煲 3 小时。加入盐调味即可。

功效： 有补血养肝、温经止带等功效，墨鱼中富含维生素 A、B 族维生素及钙、磷、铁等人体必需的元素，特别适合寒冷环境中可以经常食用。

羊肉滋补汤

材料： 羊腿肉 500 克，白萝卜块 750 克，姜 15 克（切块拍烂），陈皮、山楂各 2 片，冰糖 1 小块。

做法： 羊腿肉切小块，先用清水煮沸 5 分钟后，将水倒掉。再用 5 碗清水，放入羊腿肉块、拍烂的姜、陈皮、山楂、冰糖，用高压锅煮 40 分钟后熄火闷 1 小时至软绵，再放入白萝卜块煮至白萝卜块变透明即可。吃时可根据口味多放点胡椒粉。

功效： 羊肉有益气补虚、温中暖下的功效。女性常喝这道汤能够滋补祛寒。

噪声环境中的女性：提高听力，不烦不燥心情好

在噪声环境中的女性选择煲汤的食材时，可以参照以下几点原则。

富含胡萝卜素和维生素 A 的食物

如胡萝卜、南瓜、西红柿、鸡蛋、莴苣、西葫芦、橘子等。胡萝卜素和维生素 A 能给内耳的感觉细胞和中耳上皮细胞提供营养，增强耳细胞活性。

富含锌元素的食物

如鱼、瘦肉、牛羊肉、奶制品、啤酒、酵母、芝麻、核桃、花生、黄豆、糙米、全麦面等。锌能促进脂肪代谢，保护耳动脉血管。

富含镁元素的食物

如红枣、核桃、芝麻、香蕉、菠萝、芥菜、黄花菜、菠菜、海带、紫菜和杂粮等。耳动脉中如果镁元素缺乏，会影响耳动脉功能，导致听力损害。

富含维生素 D 和钙的食物

如骨头汤、脱脂奶、钙片等。维生素 D 和钙，既可保护鼓室内的小骨骼，避免耳硬化症，又可净化耳动脉，提高耳功能。

富含铁元素的食物

铁这种微量元素十分重要，虽然体内含铁不超过 5 克，但它的功能是构成血红蛋白、肌红蛋白、细胞色素和其他酶系统的主要成分，帮助氧的运输。体内缺铁，不仅易引起贫血、疲劳，还可致听力下降。

铁与免疫的关系也比较密切，可以提高机体的免疫力，增加中性白细胞和吞噬细胞的吞噬功能，同时也可使机体的抗感染能力增强，能更好地预防和改善贫血，增强人体免疫力，保护听力。

含铁比较多的食物有甲壳类、全谷类、动物血、海带、紫菜、木耳、绿叶蔬菜、黄豆、豆制品、干杏、核桃仁和葵花子等。

明星食材

紫菜、海带、木耳、菠菜。

靓汤登场

菠萝汤

材料： 鲜菠萝 500 克，白糖 150 克。

做法： 将新鲜菠萝洗净，削去皮，先切成大片，后切成小片。将菠萝片放洁净锅内加水，锅架火上，煮开 5 分钟左右，加入白糖调匀。待菠萝汤冷却后，盛入容器，入冰箱冰镇，食时舀入杯中饮用即可。

功效： 菠萝含有较丰富的镁元素，有助于提高听力。

薄荷莲子羹

材料： 薄荷 25 克，莲子 100 克，白糖 20 克。

做法： 将薄荷洗净，放入锅内，加入适量清水，用大火烧开后，改小火慢煮 20 分钟，弃渣，取汁待用。把莲子放入锅中，倒入开水，加盖焖约 10 分钟，取出，剥去外衣，除去苦心，温水洗净，再放入锅内，加入薄荷汁，用大火煮沸后改用小火焖至莲子软而不烂时，加入白糖，待白糖完全溶化，莲子呈玉色时即可。

功效： 能养心安神、补脾益肾，可以帮助消除噪声带来的危害。

"空中飞人"：补充水分和维生素 C，让美丽不"飞走"

飞机上非常干燥，而且易缺氧，飞行时间越久，体内损失的水分就越多。长时间飞行，人容易感到疲劳。飞行中选择饮品时应注意，并不是每种饮料都能起到很好的补充水分的作用，首选的饮料是天然矿泉水，由于矿泉水中含有氧，既可以补水，又可以补氧，其次是选择绿茶。

有些人在飞机上会出现头晕、恶心等症状，这与人本身的免疫力有关，比如病菌感染、患有慢性病等都可能产生上述症状，只有通过对自身免疫力的加强来缓解和调节，而补充维生素 C，就是提高自身免疫力的最好方法。维生素 C 能促进胶原蛋白的合成、防癌、保护细胞、提高人体的免疫力、提高机体的应激能力等。丰富的胶原蛋白有助于防止癌细胞的扩散，增强中性粒细胞的趋化性和变形能力，提高杀菌能力，从而提高自身的免疫力。

明星食材

菠菜、红枣、辣椒、西红柿、菜花、苋菜。

靓汤登场

苜蓿鸡蛋汤

材料： 鸡蛋3个，韭菜花3克，苜蓿子适量，盐适量。

做法： 苜蓿子捣烂煎汤，滤去药渣，取汁。鸡蛋打散，搅拌均匀。将鸡蛋打散倒入沸水中成蛋花，将韭菜花放入。把苜蓿子药汁倒入，加盐调味即可。

功效： 益脾胃、清湿热、利尿、消肿，可辅助治疗泌尿系结石、水肿、淋症、消渴等病症，可以补充人体流失的水分，让身体不"干枯"。

葡萄酒樱桃汤

材料： 柠檬汁100毫升，柠檬皮少许，白糖100克，干白葡萄酒200毫升，樱桃500克，蛋黄4个，酸奶200克。

做法： 将柠檬皮洗净切碎，樱桃洗净。把柠檬汁、柠檬皮、白糖、水和干白葡萄酒放在锅中加热。将樱桃放入，煮5~10分钟。蛋黄加水，搅匀后放入汤中加热，待凉，放入冰箱让其完全冷却。将酸奶淋在冷却的汤上即可。

功效： 葡萄酒可以使血中低密度脂蛋白降低，高密度脂蛋白升高，对心血管疾病大有好处；樱桃可调中益气、祛风湿。这道汤赏心悦目，适合女性饮用。

经常开车的女性：养肝明目，成就高段位的"女司机"

经常开车的女性会出现一些症状，如精神紧张导致的视疲劳、长时间保持固定姿势不动导致的颈椎问题、憋尿导致的膀胱问题以及饮食不规律导致的胃病等。

开车的人由于要集中精力观察前方情况，所以比较费眼睛，尤其是在夜间开车，更容易用眼过度，易耗肝血。中医认为"肝开窍于目，目受血则能视，久视则耗伤肝血"，所以经常开车的人在汤品的食材选择上应以滋补肝血的食物为主，以达明目养肝的目的。

维生素 A 可促进眼内感光色素的形成，能有效地防止夜盲症和视力减退，有助于多种眼疾的治疗。维生素 A 的主要来源是富含各种含胡萝卜素的食物，如胡萝卜、南瓜等。另一类是来自于动物性食物的维生素 A，能够直接被人体利用，主要存在于动物肝脏、奶制品及禽蛋中。

明星食材

海带、卷心菜、洋葱、西红柿、红薯、南瓜、刀豆、扁豆。

靓汤登场

牛奶燕麦汤

材料： 燕麦130克，白糖50克，牛奶1000毫升，黄油25克，盐适量。

做法： 烧一锅开水，下入燕麦，将燕麦煮成粥状。再加入牛奶，煮至汤沸。加入白糖、盐、黄油调均匀。关火，等待2~3分钟即可。

功效： 甜中带咸，鲜香醇厚，清淡爽口，乳香浓郁。燕麦营养丰富，在禾谷类作物中，其蛋白质含量最高，且含有人体必需的8种氨基酸，其组成也较平衡。

玉米苹果鸡腿汤

材料： 苹果1个，玉米2根，鸡腿200克，姜2片，盐适量。

做法： 鸡腿洗净去掉皮，跟加了姜片的冷水一同煮到滚，再捞出。将苹果和玉米洗净分别切成块。把鸡腿放入1500毫升的水中煮至五成熟，加入玉米块和苹果块。大火煮至滚，再用小火熬制40~50分钟，加盐调味即可。

功效： 此汤清润可口，具清热、生津、止渴的作用。苹果熟吃可以保养胃肠、止泻、明目养肝。

常喝酒的女性：把肝脏的毒排出来

酒精对人体食管和胃肠道黏膜有强烈的刺激性，过度饮酒不仅容易引起胃溃疡，而且容易引发食管癌、肠癌和肝癌。大量饮酒还会影响脂肪在体内的代谢，容易形成脂肪肝、肝硬化，还会加大中风的风险。

肝脏是人体不可或缺的"化工厂"，是身体重要的排毒器官，肠胃所吸收的有毒物质都要在肝脏经过解毒程序变为无毒物质，再经过胆汁或尿液排出体外。

肝脏在人的代谢、消化、解毒、凝血、免疫调节等方面均起着非常重要的作用，因此，保护肝脏对于长期饮酒的人来说尤为重要。平时在喝汤养生方面，要注意选择能够滋养肝血的食材。

带鱼、黄鱼、银鱼及甲壳类，如牡蛎、蟹等，能增强免疫功能，修复破坏的组织细胞。

绿豆中含有丰富的蛋白质，绿豆磨成的绿豆浆蛋白含量颇高，内服可保护胃肠黏膜，绿豆蛋白、鞣质和黄酮类化合物，可与有机磷农药、汞、砷、铅化合物结合形成沉淀物，使之减少或失去毒性，对肝有解毒的作用。

苏子蜜是蜜蜂采自苏子花蜜酿造而成，有一种特异的香味，果糖含量很高，具有蜂蜜和苏子的双重作用，特别适合饮酒过多者食用，可以有效预防酒精肝的形成。

明星食材

带鱼、黄鱼、银鱼、蟹。

牡蛎豆腐汤

材料： 牡蛎 250 克，豆腐 1 块，葱末 8 克，胡椒粉 2 克，盐适量。

做法： 牡蛎用少许盐抓洗，去杂质，清洗干净，再沥干水分。将锅中的水烧开，放入牡蛎氽烫一下，捞起备用。豆腐切丁待用。再烧开一锅水，倒入豆腐丁、胡椒粉及盐。将牡蛎、葱末入锅，一起煮至食材都熟即可。

功效： 牡蛎营养丰富，尤其是含有丰富的优质蛋白，可帮助肝脏排毒，辅助治疗饮酒过度引起的脂肪肝。

绿豆鱼腥草海带汤

材料： 绿豆 30 克，海带 20 克，鱼腥草 15 克，白糖适量。

做法： 绿豆、海带和鱼腥草分别洗净。将绿豆、海带和鱼腥草一同放入锅中，加入适量清水煮汤，煮至熟后，加入白糖调味即可。

功效： 绿豆清热解毒，这道汤非常适合解酒饮用，能够保护肝脏。

常熬夜的女性：缓解疲劳，让"小宇宙"随时爆发

在汤品食材的选择上要注重滋阴补血，这样才不会让你因熬夜而导致面色苍白、皮肤暗黄，尤其是对于爱美的女性来说，不要让熬夜带走你的好肤色。

维生素 A 能缓解视觉疲劳并且能提高熬夜工作者对昏暗光线的适应力，防止视疲劳。动物蛋白质含人体必需氨基酸，这对于保证熬夜者提高工作效率和身体健康是有好处的。必须熬夜时，要多补充 B 族维生素，它们不仅参与新陈代谢，提供能量，保护神经组织细胞，对安定神经、舒缓焦虑感也有助益。

经常熬夜后的饮食以补充热量为主，可以吃一些水果、蔬菜及蛋白质食物（如肉、蛋等）来补充体力消耗，千万不要大鱼大肉地猛吃。也可以吃花生、杏仁、腰果、核桃等干果类食物，它们含有丰富的蛋白质、B族维生素、维生素 E、钙和铁等元素，而胆固醇的含量很低，对恢复体能有帮助。

女性经常熬夜会对身体造成多种损害，不仅会导致经常性的疲劳、免疫力下降、精神不振等症状，严重者还会出现失眠、健忘、易怒、焦虑不安等症状，一定不能等闲视之。

明星食材

花生米、杏仁、腰果、香蕉、橙子、苹果。

靓汤登场

石斛竹荪老鸭汤

材料： 鸭子半只，石斛10克，竹荪1包，老姜1块，葱1段，料酒20毫升，盐适量。

做法： 鸭子洗净后切成块。石斛浸泡10分钟后装入汤煲。老姜拍扁，葱切小段。将鸭块和姜、葱段一起放入锅内，倒入清水没过鸭子。大火煮出血沫后捞出鸭子、姜、葱，用水冲净血沫，然后放入装有石斛的汤煲内。汤煲内倒入2升清水，放入料酒，盖上锅盖，大火煮开后转小火炖1小时。提前20分钟将竹荪去头，反复浸泡几遍以洗净泥沙。打开锅盖，调入盐。倒入竹荪，盖上锅盖继续炖20分钟即可。

功效： 可以补充熬夜过度消耗的能量，具有滋阴清热、调理身体机能、增强身体免疫力的功效。

雪梨杏仁瘦肉汤

材料： 猪瘦肉350克，雪梨2个，银耳20克，甜杏仁40克，苦杏仁15克，蜜枣2颗。

做法： 猪瘦肉洗净，切块。银耳用清水泡软，去掉黄色的部分，撕成小块。雪梨用盐搓洗干净，去核，切成块。杏仁和蜜枣也分别冲洗干净，待用。将所有材料处理好后，盛入汤锅中，注入开水，盖上盖子，用大火烧开。再转至小火煲2小时。加入盐调味即可。

功效： 暖胃、提神、缓解疲劳、明目健脑。

"电脑一族"：减少频闪，让电眼更加有神

电脑在运行时，经常会出现屏幕闪烁抖动的情况，对眼睛的伤害很大。

经常对着电脑工作的女性应该多吃些胡萝卜、白菜、豆芽、豆腐、红枣、橘子、牛奶、鸡蛋、动物肝脏以及瘦肉等食物，以保持人体内维生素 A 和蛋白质的含量。

另外，对于长时间在电脑前工作的人来说，有 3 种食材必不可少，那就是菊花、枸杞子和奶酪。

菊花是常用中药之一，具有疏风、清热、明目、解毒之功效，可以散风清热、平肝提神，

还可以缓解头痛眩晕、目赤肿痛、眼目昏花等症状。

枸杞子性平、味甘，益肝明目，它含有胡萝卜素、甜菜碱、维生素 B_1、维生素 B_2、维生素 C 和钙、磷、铁等，具有增加白细胞活性、促进肝细胞新生的药理作用，还可降血压、降血糖、降血脂。

制作奶酪的主要原料是牛奶，而牛奶是一种公认的营养佳品，制作 1 千克奶酪大约需要 10 千克的牛奶，因此奶酪又被称为"奶黄金"，除含有优质蛋白质外，还含有糖类、有机酸、钙、磷、钠、钾、镁等元素，以及脂溶性维生素 A、烟酸、泛酸、生物素等多种营养成分，这些物质具有许多重要的生理功能。

明星食材

豆腐、绿豆芽、白菜、鸡肉。

靓汤登场

苦瓜菊花瘦肉汤

材料： 苦瓜1根，瘦肉500克，干菊花少许，姜2片，盐适量。

做法： 苦瓜去子，洗净后切块。瘦肉洗净后切块，焯水。将姜片、苦瓜块、瘦肉块放入瓦罐中，加入1000毫升清水，煲1~2小时。菊花用清水洗净，然后用淡盐水浸5分钟。将菊花放入煲中，继续煲半小时。加入适量盐调味即可。

功效： 清热降火、排毒补水、增加机体抵抗力。

双花鸡肝汤

材料： 银耳15克，菊花10克，茉莉花24朵，鸡肝100克，姜汁、料酒、盐各适量。

做法： 将银耳洗净，撕成小片，清水浸泡待用。把菊花、茉莉花用温水洗净。将鸡肝洗净，切薄片备用。将水烧沸，先入料酒、姜汁、盐，随即下入银耳片及鸡肝片。烧沸，打去浮沫，待鸡肝片熟，加盐调味。再放入菊花、茉莉花烧沸即可。

功效： 明目养肝，缓解视疲劳和脑疲劳。

久坐的女性：减少脂肪堆积，甩掉"游泳圈"

长时间坐着工作的女性，遇到最多的问题就是小肚腩和便秘，长时间久坐不动，还会使血液循环变差，易引起肌肉酸痛、僵硬甚至萎缩。长时间久坐的人，因血液循环减慢，导致身体内静脉回流受阻，直肠肛管静脉容易出现扩张，可能患痔疮，发生肛门疼痛、流血甚至便血等现象。

久坐工作的女性可以有意识地多选择下面几种蔬菜，能起到十分有效的通便效果，因为它们都含有大量的膳食纤维，可以带走身体里的废物和垃圾。

莴笋具有开通疏利、消积下气的作用，富含维生素 C、叶酸、铁。常食莴笋，可以促进肠蠕动，预防便秘。

空心菜含有大量的纤维素和半纤维素、胶浆、果胶等，有辅助治疗便秘、便血、痔疮的作用。

韭菜有"洗肠草"之称，它含有较多的粗纤维，且比较坚韧，不易被胃肠消化吸收，可促进肠蠕动。

菠菜性凉、味甘，有养血、止血、润燥、滑肠、通便的作用。

红薯补中和血、宽肠胃、通便秘，是办公室一族的最佳食物。

白萝卜生吃可促进消化，其辛辣的成分可促胃液分泌，调整胃肠功能。另外，它所含丰富的粗纤维能促进胃肠蠕动，保持大便通畅，防止小肚腩。

蜂蜜富含 B 族维生素、维生素 D、维生素 E、果糖、葡萄糖、麦芽糖、蔗糖、优质蛋白质、钾、钠、铁、淀粉酶、氧化酶等多种元素，有显著的润肺止咳、润肠通便、排毒养颜功效。

明星食材

莴笋、白萝卜、红薯、蜂蜜。

靓汤登场

红薯汤

材料： 红薯500克，白糖适量。

做法： 红薯洗净、削皮，切成两三厘米厚的片，放入高压锅，加水稍没过红薯片。高压锅响几下后用小火再煮几分钟。出锅后，加入白糖搅拌即可。

功效： 每100克红薯含脂肪仅为0.2克，是大米的百分之一，还富含各种微量元素和膳食纤维。膳食纤维对肠道蠕动起良好的刺激作用，促进排便。

莴笋菜花汤

材料： 莴笋120克，菜花150克，肉馅100克，料酒、盐各适量。

做法： 莴笋洗净，切成大小适当的块状。菜花瓣成小块，洗净。肉馅用料酒、盐腌制10分钟。烧一锅水，将肉馅放进去，至肉色变白。将莴笋和菜花放入，一同煮半小时。出锅前，加入适量盐调味即可。

功效： 莴笋可以促进肠蠕动，莴笋叶的营养远高于茎，秋季易咳嗽的人多吃莴笋叶可平咳。

久站的女性：拯救美腿，预防静脉曲张

久站会引起静脉曲张，长时间站立工作的人，小腿的负担很大，如果不注意调养，很容易患上静脉曲张。这虽然说不上是一种病，但是如果不及时治疗，后果也会比较严重。

久站的女性要多吃含维生素 E 的食物，维生素 E 可对抗体内的自由基，保护血管，帮助曲张的血管恢复柔软。玉米油、花生油、芝麻油、莴笋叶、橘皮等，维生素 E 含量很丰富，几乎所有绿叶蔬菜中都有维生素 E，奶类、蛋类和鱼肝油等也含有一定量的维生素 E。

静脉曲张患者应该多吃具有消结散肿作用的食物，如芋头、油菜、芥菜、猕猴桃等。多吃具有增强免疫力的食物，如香菇、蘑菇、木耳、核桃、薏米、红枣、山药等。另外，还要注意以下营养元素的补充。

B 族维生素

是糖类、脂肪、蛋白质代谢所需的重要物质，保护神经系统的正常作用。

蛋白质

增强机体的免疫力，提高机体修复损伤的能力。

维生素 C

抗氧化，促进胶原蛋白的合成，增强血管弹性，提高人体免疫力。

复合维生素

为机体提供全面的营养素补充。

久站者不宜吃得过饱，宜食易于消化、质地较软的食物；宜食用富含纤维素的食物，如新鲜蔬菜、水果、银耳、海带等；宜摄取具有润肠作用的食物，如梨、香蕉、菠菜、蜂蜜、芝麻油及其他植物油、动物油。

明星食材

香菇、山药、核桃、猕猴桃。

靓汤登场

金橘根猪肚汤

材料： 金橘根 30 克，猪肚 100~150 克，盐适量。

做法： 将猪肚反复洗净，切块。金橘根洗净，沥干。将两种食材同时放入锅中，加 4 碗左右的清水，煮沸。加入盐调味即可。

功效： 有健脾开胃、行气止痛、散结降逆、化痰之功。

芝麻茴香猪肠汤

材料： 升麻 10 克，黑芝麻 60 克，小茴香 10 克，猪大肠 1 段，盐适量。

做法： 将猪大肠反复洗净。把升麻、黑芝麻、小茴香放入猪大肠内，两头扎紧。锅内加入适量清水，将食材一起煮，直到猪大肠完全熟透。把升麻、黑芝麻和小茴香拿出。加入盐调味即可。

功效： 适用于气虚血滞型静脉曲张。

从事脑力劳动的女性：女人也爱强大的大脑

从事脑力劳动的女性除了要注意营养，合理地安排膳食外，还要遵循五大原则：

1. 注意必需脂肪酸的补充。

2. 维持血液的微碱性，多食碱性食物。

3. 多食葡萄糖类的碳水化合物。

4. 补充优质蛋白。

5. 注意摄入膳食纤维。

各种动物的脑髓都含有大量的脑磷脂和卵磷脂，最常见的是鱼脑髓。用鱼头煲汤是一种很好的补脑食品。

从事脑力劳动的女性还可以多吃一些坚果，坚果多为植物种子的子叶或胚乳，营养价值很高，一般分两类：一是树坚果，包括核桃、杏仁、腰果、榛子、松子、板栗、白果、开心果等；二是种子，包括花生、葵花子、南瓜子、西瓜子等。坚果中含有蛋白质、脂肪、糖类，还含有 B 族维生素，矿物质磷、钙、锌、铁以及膳食纤维等，非常有利于大脑的营养维护，是健脑的上佳补品，也是脑力劳动者养生食疗的上佳食材。

明星食材

核桃、杏仁、花生、西瓜子。

靓汤登场

鱼头补脑汤

材料: 胖头鱼1条(约1000克),天麻3克,香菇(鲜)35克,虾仁50克,鸡肉50克,猪油(炼制)25克,胡椒粉、葱段、姜片、盐各适量。

做法: 鸡肉洗净切丁;香菇切条;天麻切片。将胖头鱼处理干净后放入烧热的油锅内煎烧片刻,加入香菇、虾仁、鸡丁略炒。加天麻片和清水及猪油、葱段、姜片、盐、胡椒等调料,煮开后约20分钟即成。

功效: 天麻对头痛目眩、肢体麻木有很好的辅助治疗效果,而且鱼头营养丰富,蛋白含量高,特别适合因压力过大而导致头痛的女性。

西瓜乌鸡汤

材料: 乌鸡1只,西瓜1个,高汤料1包,盐、料酒、酱油各适量。

做法: 将乌鸡洗净,处理好。用盐、料酒、酱油将乌鸡肉腌10分钟。在腌鸡肉的同时,将西瓜切开去瓤,皮切成齿状。将鸡肉和高汤料一起倒入西瓜盅,加水至没过鸡肉为宜。蒸锅水开后,入蒸锅蒸1小时即可。

功效: 消暑清肠,健脑养胃,适合用脑过度或脑力劳动的人经常饮用。

从事体力劳动的女性：用能量和蛋白质打造强健身体

体力劳动者的健康与劳动条件和劳动环境密切相关。体力劳动者以肢体活动为主，其特征是消耗能量多、体内物质代谢旺盛。

很多工种的劳动者在进行生产劳动时，身体总采取某个固定姿势或重复单一的动作，身体局部长时间处于紧张状态，负担沉重，久而久之可引起劳损。热量是体力劳动者能进行正常工作的保证，其膳食首先要保证足够热量和蛋白质的供给，还要注意补给含盐饮料、各种维生素等。含能量高的食物一般含有较多脂肪、糖类，如肥肉、花生、甘蔗、动物内脏、巧克力等，所以体力劳动者每一顿正餐最好都有肉。

在矿井、地道、水下等不见阳光的环境下作业人员，要注意补充维生素 A、维生素 D；长期接触苯的劳动者，膳食中应提高蛋白质、糖类和维生素 C 的摄入量，限制脂肪的摄入量。

明星食材

奶制品、黄豆、黑豆、芝麻、杏仁。

靓汤登场

赤小豆牛肉汤

材料： 牛肉250克，赤小豆150克，生花生仁100克，蒜、白糖、盐各适量。

做法： 牛肉洗净切块，氽烫去腥，捞起备用。将赤小豆、生花生仁洗净；蒜去衣、洗净。煮锅内先下牛肉块，再加水淹没，以大火烧沸后，改小火慢炖30分钟。将赤小豆、生花生仁、蒜放入。改小火继续炖30分钟左右，待牛肉熟透。加入盐、白糖调味即可。

功效： 赤小豆具有健脾利湿、散血、解毒的功效，与牛肉搭配可以软化牛肉肉质，营养更易被人体吸收利用，是增加能量、补充体力的最佳饮品。

山药炖羊腩

材料： 山药300克，羊腩300克，葱段、姜片、蒜瓣、盐、料酒、干辣椒、八角各适量，丁香少许、香叶3片、白芷1片。

做法： 山药去皮洗净，切滚刀块。羊腩洗净后切块，用加了姜片、料酒的水飞过。热锅下油，放八角、葱段、姜片、蒜瓣爆香，下羊肉中火炒出水气，烹料酒翻炒均匀。加入适量开水，放入干辣椒、丁香、香叶、白芷，大火烧开，中小火炖40分钟左右。加入山药块，中小火炖20分钟，加盐调味即可。

功效： 山药益气养阴，能增强人体免疫力，帮助排除体内毒素。羊肉有壮腰补肾的功效。

Part

6

分清体质喝对汤，
喝出美丽与健康

喝汤首先要分清体质，
体质是人体最基础的健康符号。
除了平和体质是平衡体质外，
其他的各种体质都需要调养，
从而达到内在平衡。

湿热质：急躁易怒，宜排毒清热

湿热质女性的特征

湿热体质的人，面部发黄发暗，还很油腻，牙齿黄、牙龈红、口唇红，皮肤易生痤疮，口干、口臭、口苦、汗味大、体味大，大便燥结或黏滞不爽、臭秽难闻，小便颜色很深。还表现为白带多、色黄，外阴经常瘙痒等症状。

在精神方面，湿热体质者性情急躁易怒，喜欢斤斤计较，一般得理不饶人，无理还要犟三分。

湿热体质进补原则

湿热体质者不宜暴饮暴食、酗酒，少吃肥腻食品、甜品，以保持良好的消化功能，适度饮水，避免水湿内停或湿从外入。

饮食上多以排毒清热为主，体内积攒的毒素过多会使肠胃运转不顺，容易变生恶气和废气。冬瓜和苦瓜是排毒的最佳食疗食物，多喝这两种蔬菜熬的汤，是清热排毒最健康、最安全、最有效的方法；薄荷、山药、菠菜、芹菜等蔬菜也是很好的选择。应早睡早起，室内经常通风换气，能不用空调尽量不用，养成按时大便的习惯。早晨锻炼到出汗为止，出汗可帮助排湿，但也不要大汗淋漓，以免伤气。

常见的排毒中药和食物：生地黄、茯苓、白术、冬瓜、赤小豆、排骨、黄豆芽、绿豆芽、冬瓜、木瓜、萝卜、薏米等。

明星食材

芳香的蔬菜如香菜、藿香等。

靓汤登场

冬瓜排骨汤

材料：排骨 800 克，冬瓜 500 克，姜 4 片，葱花 5 克，盐适量。

做法：将排骨洗净，斩段放好备用。冬瓜去皮，切方块。把排骨段放入高压锅内，加冷水，水高没过排骨段 10 厘米为宜。将高压锅放在大火上烧开，小火压 20 分钟，闻到排骨香味时关火。待高压锅排气后，将冬瓜块放入，此时撒入盐，放姜片。中火煮至冬瓜软烂，装盘，撒上葱花即可。

功效：味道清淡可口，清湿热、利尿、消肿。冬瓜性凉而味甘，能清热解毒、利尿消肿、止渴除烦，对痘疮肿痛、口渴不止、烦躁、痔疮便血、脚气浮肿、小便不利、暑热难消等有效。而排骨香味浓郁不油腻，正是湿热质者食疗的佳品。

山药薏米羹

材料：山药 100 克，薏米 30 克，枸杞子 3 克，燕麦 10 克，冰糖适量。

做法：提前将薏米用清水泡 2 个小时。将枸杞子用清水泡 10 分钟。将山药去皮后，切成菱形块，装在盘子里。锅内放水，将薏米煮开后，倒入切好的山药块。用大火烧开后，加入适量的冰糖。放入燕麦，搅拌均匀后关火。再倒入泡好的枸杞子，闷 3~5 分钟即可。

功效：健脾益胃，补肺清热，美容养颜。薏米有利水消肿、舒筋除痹、清热排脓等功效，可使皮肤光滑，减少皱纹，消除色素斑点，对面部粉刺及皮肤粗糙有明显的效果。另外，它还能吸收紫外线，其提炼物加入化妆品中，还可达到防晒和防紫外线的效果。薏米与益气、健脾肾的山药搭配，除湿功能很强。

燥热质：口干体燥，宜降火清热

燥热质女性的特征

燥热体质的人最明显的特征是体态偏瘦，口舌干燥，手脚干枯，盗汗，喜饮凉水，舌红少苔，平时易口舌生疮、手足皲裂等。

在生活中，燥热体质的人因为体内水分不足，容易口渴体燥，尿液颜色偏深，而且经常便秘、口臭、口干舌燥，颜面潮红、眼睛充血，身体易上火、发炎，有的人甚至脸上长满痘痘，月经量少或提前。

其实这类体质的人是很痛苦的，上火真的很难受，爱美的女性也时常因为皮肤泛油光或长痘痘而烦恼。既然知道自己是燥热体质，对症下药很重要。

燥热体质进补原则

燥热体质的人，平时饮食上应该以降火清热为主，多吃降火的食物，或者喝降火气的汤都是不错的选择。

正因为燥热质本身是热多凉少，所以像火锅这种容易上火的食物最好不要多吃，可多吃些清凉的水果。女性在皮肤上有表现症状的，最好在一段时间内不要化妆，让毛孔也清清火。

常见的降火气的中药和食物：莱菔子、青果、陈皮、海带、绿豆、猪肺、老鸭、冬瓜、丝瓜、莲藕、苦瓜等。

明星食材

苦瓜、丝瓜、冬瓜、莲藕等。

靓汤登场

绿豆薏米海带汤

材料： 海带50克，绿豆50克，薏米30克，红糖15克。

做法： 海带洗净切段；绿豆洗净装盘待用。锅内加3碗水，将绿豆和薏米煮至软烂。将红糖和海带段倒入继续煮。当红糖煮化、海带煮至刚熟即可。

功效： 绿豆可以辅助治疗暑热生疮、大便秘结；红糖可以缓解面疮粉刺、胃热痔痛。但是海带性寒，不能大量食用，万万不可一连数日均煲此汤，以免造成身体虚寒。

绿豆老鸭汤

材料： 绿豆200克，老鸭1只，土茯苓8克，香油、盐各适量。

做法： 将老鸭洗净，去除内脏。绿豆洗净后同老鸭、土茯苓一起放入煲内。用清水5碗，约煮4小时。出锅时加入适量香油和盐调味即可。

功效： 绿豆中的钙、磷等可以补充营养，增强体力。老鸭有利水消肿、辅助治疗热毒及恶疮疖的功效。

气虚质：元气不足，宜补气养虚

气虚质女性的特征

所谓气虚，就是我们平时说的"元气不足"，气虚质的人肌肉松弛，经常会感到疲劳，精神不振；气短，面色经常苍白无血色，稍微运动就会气喘，懒得说话；经常出虚汗；性格内向，不喜欢冒险。

气虚的人体质较差，容易感冒，每到流感季节容易"中招"，而且一旦生病，恢复起来比较缓慢。

气虚体质进补原则

气虚体质的人应该多吃补益脾肺、益气生津的食物。

气虚的"气"从何而来？其实，就是从我们的日常饮食中来。气虚一般有两种可能吃得不好或者消化不好。大多数气虚体质者的肠胃多少都会有一点问题，如胃下垂。所以要补气，首先要补肠胃。多吃一些温补益气、滋养肠胃的食物。另外，因为你吃得不好，消化不好，导致身体营养跟不上，容易感冒，中医的说法就是容易被外邪侵入，所以，也要吃一些增强抵抗力的食物。

常见的补气的中药和食物：人参、太子参、西洋参、党参、甘草、香菇、红枣、蜂蜜、桂圆等。

明星食材

西洋参、红枣、桂圆、香菇等。

靓汤登场

甘草绿豆老鸭汤

材料：鸭半只，绿豆 90 克，甘草 20 克，盐适量。

做法：甘草用清水冲洗一下，切段备用。绿豆洗净；鸭洗净切块。将鸭块、绿豆、甘草放入炖锅中，加水 1500 毫升。大火烧沸后转小火继续慢炖 30 分钟，开锅加盐调味即可食用。

功效：补气去火，适合身体虚弱、食欲缺乏、大便干燥的人。

人参母鸡汤

材料：母鸡 1 只，人参 3 克，葱半根，姜 20 克，盐、料酒各适量。

做法：人参用清水略微冲洗，去掉表面灰尘，切片。将母鸡处理好，洗净切块、葱洗净切段、姜洗净切片备用。锅中油烧热，放入葱段、姜片炒出香味，加入料酒、清水烧开。水开 2 分钟后捞出葱段和姜片。放入鸡块、人参片，转小火，盖上锅盖炖半小时。打开锅盖，撇去浮沫，然后加入适量盐调味即可。

功效：人参是最好的补气中药，直接口含人参片非常方便，而人参也是药食同源的一种食物，用来做菜或者熬汤，药性会更温和，适合日常滋补。此汤补气养血、温补肠胃，特别适合气虚体弱的人。

阴虚质：发热暴躁，宜滋养防燥

阴虚质女性的特征

判断是不是阴虚体质，首先要看是不是脾气急躁，一般来说脾气急躁的人阴虚的可能性就比较大。阴虚的症状概括为一个字，那就是"热"，主要伴随着腰酸、燥热、盗汗、头晕、耳鸣等症状，阴虚体质的人往往形体消瘦，平时容易感觉口燥咽干，两颧潮红，手足心发热，小便短而且泛黄，大便干结，舌红或者舌苔少，有的女性还表现为毛孔粗大。

同时阴虚的人易疲劳，晚上睡觉还容易失眠多梦，对外界环境适应能力表现在耐冬不耐夏，受不了热、燥等。

阴虚体质进补原则

总体来看，阴虚体质的人在食疗进补方面要以滋阴防燥为主，降阴火，去除燥热，让心脉通畅。

体胖的阴虚质者应该多补气，而体瘦的阴虚质者应该多补血，这样在饮食方面就要注意了，蒸、炖、煮类的食物可以适当多吃。

喝中药膳食汤品是非常有益的，用乌鸡、老龟、鲫鱼配以生地黄、麦冬、玉竹、珍珠粉、银耳、冬虫夏草等熬成的汤，可健脾利肺，滋阴除燥。

常见防燥的中药和食物：生地黄、麦冬、玉竹、珍珠粉、银耳、百合、藕片、阿胶枣、山药、梨、葡萄、木耳、黑芝麻、小核桃等。

明星食材

梨、莲藕、木耳、葡萄等。

靓汤登场

山药兔肉汤

材料： 鲜山药150克，兔肉120克，葱、姜各10克，五香粉、味精、盐各3克，料酒15毫升。

做法： 将鲜山药去皮、洗净、切小块。姜、葱洗净，姜切片，葱切段；兔肉洗净切小块。锅中油烧至六成热，放入兔肉块，用大火烧至兔肉变色。倒入山药块、姜片、葱段同炒，加清水、五香粉、料酒，以小火烧煮。待肉熟、山药变软后，加入盐、味精调味即可。

功效： 滋阴防燥，去热气，降火气。山药具有健脾、补肺、固肾等多种功效，并且对肺虚咳嗽、脾虚泄泻及小便频繁等症都有一定的效果。

西红柿豆腐汤

材料： 西红柿50克，嫩豆腐70克，盐、柠檬汁各适量。

做法： 将西红柿置于滚水中烫过，取出剥除表皮。将去皮的西红柿切成小碎丁状。将嫩豆腐切块。将西红柿丁与嫩豆腐块置于滚水中，煮开3分钟后熄火。倒入柠檬汁和盐调味即可。

功效： 清热、解暑、降火气，还可以化痰止渴。西红柿不仅营养丰富，且具有较强的清热解毒功效，而豆腐是零胆固醇食物，这种搭配可谓是阴虚体质者的最佳选择。

阳虚质：畏寒无神，宜温补阳气

阳虚质女性的特征

有一类女性特别怕冷，即便大热天还要穿上秋衣秋裤，这一类人多为阳虚体质，主要表现在手足冰冷、畏寒、失眠、脱发、腰膝酸软。多数老年人是阳虚质。阳虚质的人经常感到精神不振，看上去白胖，但是白得没有光泽神采，嘴唇颜色也偏淡，有些人还会有黑眼圈。

因为阳虚很容易影响到肾，从而导致肾阳虚的发生，这类人抗疲劳能力差，稍微活动一下就会大汗淋漓、气喘吁吁，而且夜尿次数多，非常影响睡眠，相当令人苦恼。

还有的女性会有小便解不干净的感觉，尿色清白，不像一般小便那样有点黄。

阳虚体质进补原则

人体就像是一台大机器，阳气就是使机器运行起来的动力，阳气不足，生理活动减弱和衰退，身体御寒能力下降，自然就会怕冷。

"阳"在中医里面主要是指人体温暖、运动方面的功能，阳虚的人脏腑功能减退，出现恶寒喜暖症状，因此这种人平时畏寒喜热或体温偏低，耐夏不耐冬，所以在饮食上要以温补阳气为主。

阳虚的人对外界的寒湿邪气也很敏感，冬天容易生冻疮。因此，补阳的食物或药物中有御寒作用的更佳，尤其入冬后食用这类药物或食物能提高阳虚体质者抵抗力。

常见的补阳气的中药和食物：黄牛肉、羊肉、虾、韭菜、陈皮、茴香、桂圆、海参等。

明星食材

牛肉、羊肉、鸭肉、海参等。

靓汤登场

山药海马汤

材料： 海马6克，九香虫、仙茅、淫羊藿各9克，熟地黄、菟丝子、山药各15克。

做法： 将以上中药碾成粉末状。砂锅内放3碗水，加入药粉。大火烧开，然后转小火，3碗水煎成1碗。用细纱布滤渣取汁。分2~3次温服，每次服用时可适当兑温开水。

功效： 此中药汤可以滋阴补阳、强身健体，是阳虚体质者的良方。

羊肉枸杞汤

材料： 羊肉块500克，枸杞子20克，姜2片，葱3段，蒜2瓣，盐、味精、胡椒粉、料酒各适量。

做法： 在冷水中放入羊肉块，烧开煮10分钟，煮出血沫后，将血沫除去，捞出羊肉块洗净。锅中放油烧热，倒入姜片、葱段、蒜瓣、羊肉块煸炒。加入料酒，炒熟透后放入砂锅中，加清水。放入枸杞子，大火烧沸，改小火煨炖至熟烂。出锅前加入盐、味精、胡椒粉调味即可。

功效： 羊肉性热，味甘，能温补气血、调节皮肤生理功能、延缓皮肤老化，是适宜于冬季进补及补阳的佳品。吃羊肉时，可以搭配一些凉性蔬菜，如冬瓜、丝瓜、油菜、菠菜、白菜、金针菇、莲藕、笋等，既能利用羊肉的补益功效，又能消除羊肉的燥热之性。

痰湿质：油多体胖，宜排便清肠

痰湿质女性的特征

痰湿体质的人主要特征有：面部皮肤油脂分泌较多，感觉脸老是油油的，而且还经常出汗，如果干点体力活，再吃点辣的、热的东西，出汗更甚，时不时还胸口闷，嘴里面老觉得有痰。

痰湿体质的人，面色发黄，脸发胖，就是我们平时说的"肥头大耳、大腹便便"。眼泡有些浮肿，早上起床更明显。痰湿体质的人和气虚体质的人有一个类似的地方，就是容易困倦，精神状态较差，没有活力。

痰湿体质一个最为明显的特征，就是舌苔发白，还老是感觉有一层东西在舌头上，感觉不清爽或者觉得嘴里会回甜，整个身体觉得很重。

痰湿体质进补原则

所谓肥头大耳的富贵相，其实是一种极为讽刺的说法，痰湿体质的人大多数很难摆脱肥胖。如果不尽快调整好饮食习惯的话，很可能会患肥胖病。

这种体质的人在饮食上要避免油腻味重、酱油多的食物，要以清淡为主，多吃水果和蔬菜。

常见的适合痰湿质者的中药和食物：苹果、香蕉、杏仁、白菜、菜花、芥蓝、红薯、紫菜、山药。

明星食材

苹果、香蕉、柑橘等。

靓汤登场

陈皮党参麦芽茶

材料： 陈皮3克，党参3克，炒麦芽3克。

做法： 将上述材料用茶包包好，放入保温杯中。加入200毫升沸水，加盖闷泡15分钟即可。

功效： 中医认为，陈皮性温，味辛、苦，长于理气，能入脾肺；麦芽性平、味甘，能行气消食、健脾开胃；党参补脾健胃、补中益气。这款茶饮特别适用于痰湿体质的食欲不振者，且常伴易疲倦、手脚冰冷症状者。

奶油香蕉羹

材料： 打好的奶油50克，香蕉3根，白糖5克，水适量。

做法： 将香蕉剥皮，切成薄片。将白糖和奶油放在一起充分搅拌，加入适量的水，将香蕉倒入，煮5分钟（如果喜欢的话，可以加1片姜一起煮）。

功效： 奶油是维生素A和维生素D含量很高的食物，而香蕉具有清热止渴、凉血解毒、润肠通便的功效。但是奶油脂肪含量比牛奶高20倍左右，冠心病、高血压、糖尿病、动脉硬化患者和孕妇尽量少食或不食。

血瘀质：血脉不通，宜活血化瘀

血瘀质女性的特征

血瘀体质就是全身性的血脉不畅通，有潜在的瘀血倾向。血瘀质的人在天气寒冷、情绪不调等情况下，很容易出现瘀血。多数人表现为唇色泛暗、眼眶发黑，瘀血一旦形成，还会反过来影响全身或者局部的血液运行，导致经脉堵塞，出现疼痛症状。倘若瘀阻的部位在卵巢、子宫，就非常容易出现痛经、闭经、经血中带血块的现象。

血瘀体质进补原则

由于津血同源，津枯则血燥，体内津血不足，"干血"内留，是血瘀体质形成的原因之一。

气属阳，血属阴，气与血在生理上相互依存、相互滋生，在病理上相互影响。中医认为"气行则血行，气止则血止"。因此，血瘀体质者在活血调体时需配合理气。

在饮食方面，血瘀体质的人宜多吃行气活血的食物，少食肥肉等滋腻的食物，也可选用一些活血养血的中药来煲汤饮用。

另外，可以少量地饮用红葡萄酒、糯米甜酒，既可活血化瘀，又不会对肝脏造成不利影响，尤其适合女性血瘀质者。在情志调摄上，应该培养乐观情绪，做到精神愉悦，那么气血就会和畅，血脉就会流通。

常见活血的中药和食物：当归、川芎、丹参、地黄、地榆、五加皮、山楂、玫瑰花、金橘、桃仁、油菜等。

明星食材

当归、山楂、丹参、油菜等。

靓汤登场

玫瑰猪心汤

材料：猪心100克，玫瑰花30克，干枣10克，桂圆10克，葱段、姜片、酱油、盐、香油各适量。

做法：将猪心洗净，切成小块。玫瑰花浸泡沥干；干枣、桂圆洗净。锅中油烧热，将葱段姜片爆香，加酱油、盐及清水。放入猪心、玫瑰花、桂圆、干枣，大火烧沸，小火煮15~20分钟。出锅前淋入香油即可。

功效：活血化瘀，健胃开脾。

当归生地茶

材料：当归、生地黄各6克。

做法：将当归、生地黄放入锅中加约800毫升水煎煮30分钟。取汁存于保温杯中即可。

功效：当归补血活血、调经止痛、润燥滑肠；生地黄具有清热凉血功效。两者同用泡茶,有活血化瘀、止痛的作用。

气郁质：脆弱多思，宜疏肝行气

气郁质女性的特征

气郁质的人以神情抑郁、忧虑脆弱等表现为主要特征。形体瘦者为多，情感脆弱、烦闷不乐的人居多，有时候还容易心慌失眠，咽喉偶尔会有异物感。有的女性表现为乳房胀痛，舌淡红，苔薄白，脉弦。

气郁质的人性格内向不稳定、敏感多虑，易患抑郁、失眠、梅核气等。对精神刺激适应能力较差，不适应阴雨天气。

气郁体质进补原则

气郁体质，顾名思义就是长期气机郁滞而形成的性格内向不稳定、忧郁脆弱、敏感多疑的状态。往往在受到刺激之后记忆力会明显减退，变得健忘，所以气郁质的人要多以开胃补脑的饮食为主，喝汤补身以清淡为宜。调养原则应为疏肝行气，理气不宜过燥，养阴不宜过腻。

常见补气的中药和食物：猪肚、荞麦、刀豆、豌豆、火腿、海带、海藻、金橘、茴香、玫瑰花、茉莉花、白梅花等。

明星食材

荞麦、海带、金橘、玫瑰等。

靓汤登场

荞麦面疙瘩汤

材料： 荞麦粉200克，胡萝卜1根，牛蒡50克，葱2段，南瓜60克，料酒、酱油、盐各适量。

做法： 胡萝卜洗净切成丁；牛蒡洗净。葱切成末；南瓜去皮，切成块。锅内加水，将胡萝卜丁、牛蒡、葱末、南瓜一起煮，煮开后，加料酒、酱油。荞麦粉加水和均匀，放入煮开的汤中。把荞麦粉煮到软烂浓稠，关火，加盐调味即可。

功效： 疏肝行气，解郁。荞麦含有较多的黄酮类物质，具有抗炎、止咳、祛痰、理气的作用。

火腿鸡蛋汤

材料： 火腿100克，水发香菇4朵，鸡蛋2个，葱末、鸡精、盐、香油、水淀粉各适量。

做法： 将火腿切成长方薄片，洗净；香菇洗净，切成小丁；鸡蛋打入碗中，搅拌均匀。锅中放油烧热，下葱末、火腿片煸出香味，注入清水750毫升。放香菇丁，烧开后小火煮10分钟，转小火，把蛋液均匀地倒入锅中。等鸡蛋快成形的时候加入盐、鸡精、水淀粉拌匀。最后淋上香油，盛入汤盆中即成。

功效： 理气通气，清燥火。火腿含有丰富的蛋白质、适度脂肪、多种维生素和矿物质，具有养胃生津、长气力、愈创口等作用。

特禀质：禀赋偏颇，宜清淡平补

特禀质女性的特征

特禀体质又称特禀型生理缺陷、过敏，指由于遗传因素和先天因素所造成的特殊状态的体质，主要包括过敏体质、遗传病体质、胎传体质等。

特禀质是一种特殊的体质，主要表现为哮喘、风团、咽痒、鼻塞、喷嚏等。患遗传性疾病人的表现特征有垂直遗传、先天性、家族性特征；患胎传性疾病的人，具有母体影响胎儿个体生长发育的疾病特征。

特禀质的人易患哮喘、荨麻疹、花粉症及药物过敏等，对外界环境适应能力差。

特禀体质进补原则

如果说气郁质和血瘀质的形成与后天生活、情绪关系密切，那么特禀质的人更多是由于天生禀赋的偏颇，造成生活中的各种问题。

特禀体质的女性饮食宜清淡、均衡，粗细搭配适当，荤素搭配合理，以清淡平补为主，少食腥膻发物及含致敏物质的食物。由于蜂蜜里含有一定的花粉颗粒，经常喝会对花粉过敏产生一定的抵抗能力；红枣中含有大量抗过敏物质，可缓解过敏反应的发生，凡有过敏症状的患者，可以经常服食红枣，可生吃或水煎服，每天3~6颗。

常见清淡平补的中药和食物：蜂蜜、红枣、核桃、芝麻、猪肉、土豆、西蓝花、菌类、西红柿等。

明星食材

蜂蜜、核桃、猪肉、西红柿等。

靓汤登场

蜂蜜红枣茶

材料： 红枣 150 克，冰糖 50 克，蜂蜜 200 毫升。

做法： 红枣洗净，将枣切开挖去核。将去核红枣和冰糖放入锅中，加水。大火煮沸后盖上盖子，转小火煮至汤水收干。将锅内的红枣搅拌成泥，继续煮至水分收干，成非常黏稠的枣泥状。将枣泥盛入容器中，晾凉后倒入蜂蜜搅拌均匀，密封好放入冰箱保存。喝时，取适量蜂蜜红枣，加温开水调和即可。

功效： 蜂蜜和红枣都有减缓过敏反应的功效，特禀体质的女性宜经常喝这道茶。

桂花黄芪茶

材料： 黄芪 5 克，桂花 3 克。

做法： 将黄芪和桂花放入保温杯中，倒入 200 毫升沸水，闷泡 10 分钟即可饮用。

功效： 桂花黄芪茶可镇定神经、缓解机体的过敏反应，促进机体各项功能恢复。黄芪有补气固表、利水消肿、排毒的作用，不仅能舒缓紧张情绪，还可以散寒破结、化痰止咳、清热解毒。

Part

7

循时而养，美人的四季养生汤

聪明女人在喝汤时知道因时制宜，

毕竟四季交替，

天气、温度的变化也会造成人体内环境的变化，

这时就要根据时节不同选择不同的汤品。

春季阳气初升，温补养肝强体力

另外，肝还有代谢、解毒、促进胆汁生成和排泄、保护免疫系统的功能，其中代谢功能主要包括：糖代谢、蛋白质代谢、脂肪代谢、维生素代谢、激素代谢。

春季食材选择之道

1. 多吃些温补阳气的食物，如葱、姜、蒜、韭菜、芥末等。蒜不仅有很强的杀菌作用，还能促进新陈代谢，增进食欲，预防动脉硬化和高血压。葱有很高的营养价值，同时还可预防呼吸道、肠道传染病。

2. 少吃性寒食品，如黄瓜、茭白、莲藕等，以免阻碍阳气生发。

3. 要以增甘少酸为主。春天，肝的疏泄功能旺盛，酸会抑制肝气的生发，肝火过旺者可适当吃些酸味的东西，防止肝气过度发散；而肝阴虚者，应少吃或者不吃酸味食品，否则会导致脾胃的消化、吸收功能下降，影响身体健康。

4. 要多吃蔬菜。经过冬季之后，人们容易出现微量元素摄取不足的情况，而产生口腔炎、口角炎、舌炎和皮肤病等，因此，一定要多吃蔬菜，还要以当地和当季的蔬菜为主。

春季女性养生原则：温补养肝

春季，人体代谢正处于旺盛时期，激素水平也处于相对高峰期，此时易发生非感染性疾病，如高血压、月经失调、过敏性疾病等，但是最应该注意的是养肝。肝脏是人体一个重要器官，它具有调节气血、帮助脾胃消化食物的功能以及调畅情志、疏通气机的作用，因此，春季养肝做得好，未来一整年，你的身体将健康无忧。

靓汤登场

辛夷花鸡蛋汤

材料： 辛夷花 10 克，红枣 5 颗，鸡蛋 2 个，盐适量。

做法： 将辛夷花洗净，沥干。红枣去核，洗净。鸡蛋打散，搅拌均匀。将鸡蛋打入沸水中成蛋花，加入辛夷花和红枣。小火煮 30 分钟左右，加入盐调味即可。

功效： 可宣肺通窍，适用于鼻炎、鼻窦炎及其引起的鼻塞头痛等。

椰盅鲜鸡汤

材料： 大椰子 1 个，鲜鸡肉 200 克，银耳 10 克，瑶柱 3 个，姜丝少许，盐适量。

做法： 将椰子锯去顶 1/3，保留椰汁，做成椰盅。银耳浸泡发大，撕为小朵。瑶柱洗净；鸡肉洗净、斩成小块。银耳朵、瑶柱、鸡肉块一起与姜丝放进椰盅内，如椰汁不够，可加入冷开水，盖上顶壳。用纱布封好，隔水炖约 3 小时。最后加适量盐调味即可。

功效： 滋补养颜，可补虚强身、益气祛风、提高生理机能、延缓衰老、强筋健骨。

灯心鲫鱼汤

材料： 莲子 30 克，灯心草 10 克，红枣 12 颗，淡竹叶 15 克，鲫鱼 1 条，猪瘦肉 100 克，姜 3 片，盐适量。

做法： 莲子、灯心草、淡竹叶分别洗净，稍浸泡。红枣去核、洗净。鲫鱼去鳞、内脏，洗净。鲫鱼煎至微黄，加入少许清水。猪瘦肉洗净，切块。将除盐外的所有材料下瓦煲，加水 2000 毫升。大火滚沸后改小火煲 45 分钟，加入盐调味即可。

功效： 止血、通气、散肿、止渴，还有清心降火、利尿通淋的功效。

银耳枣仁汤

材料： 银耳 15 克，酸枣仁 20 克，冰糖 25 克。

做法： 银耳用清水发透，除去黄蒂，撕成小朵。酸枣仁用布包扎好。一同放入砂锅内，加水煮熬成汤。弃掉枣仁，加入冰糖，搅拌至冰糖融化即可。

功效： 提高肝脏解毒能力，起保肝作用，适合春天饮用。

老桑枝鸡肉汤

材料： 老桑枝60克，母鸡1只（约500克），姜3片，盐、酱油各适量。

做法： 老桑枝洗净，并稍浸片刻。母鸡去毛及内脏、洗净，与老桑枝、姜片一起放进瓦煲内，加入清水2500毫升。先用大火煲沸后，改用小火煲约2小时。加入盐、酱油调味即可。

功效： 具有益精髓、祛风湿、利关节的功效，能辅助治疗风湿性关节炎等症。

甜杏仁猪肺汤

材料： 猪肺90克，甜杏仁15克，玉竹30克，红枣15克，盐适量。

做法： 将猪肺切块，用手搓洗，以去猪肺气管中的泡沫。甜杏仁、玉竹、红枣洗净。把除盐外的所有材料放入瓦锅内，加清水适量。大火煮沸后，小火煲2小时。最后加入盐调味即可。

功效： 杏仁中含有杏仁苷，在体内能被肠道微生物酶分解产生微量的氢氰酸与安息香醛，对呼吸中枢有抑制作用，可以镇咳、平喘。

蘑菇绿豆芽汤

材料： 白玉菇150克，绿豆芽70克，西红柿1个、虾皮5克，姜丝5克，盐、香油各适量。

做法： 绿豆芽、白玉菇、虾皮分别洗净。西红柿洗净，切成块。锅中放少许油，下姜丝和虾皮煸香。放入西红柿块，煸炒变软后，加入清水煮开。放入洗净的白玉菇，煮10分钟左右。最后放入绿豆芽煮熟，加盐调味。出锅前淋香油即可。

功效： 膳食纤维含量丰富，可以缓解便秘，绿豆芽中的维生素C、维生素B$_2$、维生素B$_1$及烟酸含量较高，有清燥热、解毒、通经络、调五脏的功效。

枸杞冬菇花生鸡爪汤

材料： 枸杞子25克，冬菇60克，花生100克，眉豆50克，鸡爪4对，猪碎骨200克，姜3片，盐适量。

做法： 将冬菇去蒂，鸡爪洗净。将花生、眉豆、枸杞子洗净、浸泡。鸡爪去趾甲，用刀背敲裂。猪碎骨洗净，也用刀背敲裂，加入清水3000毫升。把除盐外所有材料放进瓦煲内。大火煲沸，用小火煲约3小时。最后调入适量盐即可。

功效： 气味醇和鲜美，以枸杞子搭配冬菇煲鸡爪，具有养肝明目、强筋健骨、悦色养颜之功。

猪肝豌豆苗汤

材料： 猪肝 50 克，豌豆苗 25 克，盐、香油、酱油、辣汤各适量。

做法： 将猪肝切成薄片，用凉水浸泡后再洗一遍。辣汤下锅，放酱油、肝片，煮沸后撇去浮沫；放入洗净的豌豆苗和盐，淋上香油即成。

功效： 豌豆苗是豆科植物豌豆的嫩苗，营养丰富，含有人体所必需的 8 种氨基酸，常吃有助于增强人体的免疫功能。

沙果银耳汤

材料： 沙果 4 个，银耳、鼠尾草子、冰糖各适量。

做法： 将沙果洗净，银耳泡发。锅内加水，放入银耳、沙果、冰糖，大火烧开。转小火煮 10 分钟，至沙果皮裂即可出锅，撒上鼠尾草子即成。

功效： 沙果中的有机酸、维生素含量非常丰富，食之有生津止渴、消食除烦和化积滞的作用；沙果根用水煎服具有驱虫、杀虫的作用，可辅助治疗寸白虫、蛔虫等寄生虫病。

夏季阳气最盛，清心除湿防心火

夏季女性养生原则：清心除湿

夏日炎炎，人们需要和酷暑斗争，非常耗费元气，所以夏季消暑就成了必要的学问，因为中暑带来的危害也是很严重的。

在天气炎热或极度缺水的状况下，身体体温调节中枢功能会发生障碍，汗腺功能会相对衰竭，水电解质丧失过多，人就会中暑，严重的会引发热射病，所以夏季一定要做好解热消暑的工作。

夏天常见的、简单易做的消暑食物是绿豆汤，绿豆的蛋白质含量几乎是粳米的3倍，多种维生素、钙、磷、铁等的含量都比粳米多，因此它不但具有良好的食用价值，还具有非常好的药用价值，有"济世之食谷"之称。在炎炎夏日，绿豆汤更是老百姓喜欢的消暑饮料。

夏季食材选择之道

1. 多吃瓜果蔬菜类。夏季气温高，人体流失的水分多，须及时补充。蔬菜中的水分，是经过多层生物膜过滤的天然、洁净且具有生物活性的水，瓜果蔬菜类含水量都在90%以上，具有降低血压、保护血管的作用。

2. 多吃凉性蔬菜。凉性蔬菜有利于生津止渴、除烦解暑、清热泻火，对排毒通便也有一定的作用。

3. 多吃"杀菌"蔬菜。夏季是人类疾病尤其是肠道传染病多发季节，多吃些"杀菌"蔬菜，可预防疾病。这类蔬菜包括：蒜、洋葱、韭菜、葱等，这些蔬菜中含有丰富的植物广谱杀菌素，对多种球菌、杆菌、真菌、病毒有杀灭和抑制作用。

4. 及时补充维生素、矿物质和蛋白质。

靓汤登场

白菜里脊红椒汤

材料： 白菜 300 克，猪里脊肉 300 克，红彩椒 1 个，骨汤 600 毫升，香菜段 10 克，葱花 10 克，生抽、盐、胡椒粉各适量。

做法： 里脊洗净、切片，白菜洗净切块，红彩椒洗净切丝。骨汤加入适量清水，大火煮开。加入白菜块、猪里脊片，大火煮开。转小火煲煮 15~20 分钟。再改大火，加入红彩椒丝，大火煮开。加香菜段、葱花、生抽上色。加入盐、胡椒粉调味即可。

功效： 清脆爽口，开胃生津，止咳化痰，降暑除乏。

草莓梨子汤

材料： 草莓 200 克，梨 2 个，甘草杏 50 克，蜂蜜 5 毫升。

做法： 梨去皮去核，洗净，切块。烧一锅水，将梨块放入。加甘草杏一起煮到水沸。转小火，继续煮 10 分钟。草莓洗净，纵切，加入煮好的梨汤中，调入蜂蜜即可。

功效： 草莓中所含的胡萝卜素是合成维生素 A 的重要物质，具有明目养肝的作用，对胃肠道疾病和贫血均有一定的调理作用。这道汤清爽无油，适合夏季饮用。

小白菜豆腐汤

材料： 小白菜100克，嫩豆腐250克，盐、香油各适量。

做法： 小白菜择去根和黄叶，洗净，滤干，横切一刀；嫩豆腐切厚片。起汤锅，放水1大碗煮沸。先倒入豆腐片，加盐适量，用大火烧沸汤后，再倒入小白菜，继续烧开5分钟，加盐调味，淋入少许香油即可。

功效： 小白菜具有散血消肿、清热解毒、通利肠胃的功能。适用于肺热咳嗽、便秘、丹毒、漆疮等。小白菜富含维生素C及芹菜素，能够改善牙龈出血的状况。芹菜素还可用来降火气，故小白菜是清凉退火的蔬菜。

黄瓜木耳汤

材料： 黄瓜1根，干木耳40克，姜1块，葱花10克，盐、味精各适量。

做法： 将黄瓜去皮后切成块。姜去皮洗净，切成姜末。干木耳用水洗净，温水泡发，剪掉蒂备用。锅中油烧至七成热，放入姜末、黄瓜块、木耳翻炒，加入开水，大火烧开。放入盐、味精调味。待汤色变白后起锅，撒上葱花即可。

功效： 黄瓜中含有丰富的维生素C，可起到延年益寿、抗衰老的作用，黄瓜中的纤维素对排毒和降低胆固醇有一定作用。

牛奶西红柿

材料： 鲜牛奶200毫升，西红柿250克，鸡蛋3个，盐、白糖、淀粉各适量。

做法： 西红柿洗净、切块，鲜牛奶加少许淀粉调成汁，鸡蛋煎成荷包蛋。鲜牛奶汁煮沸，加入西红柿块、荷包蛋煮片刻，然后加入盐、白糖，调匀即可。

功效： 西红柿独特的酸味可刺激胃液分泌，促进肠胃蠕动，并有助于肠内脂肪的燃烧。中医认为，西红柿能生津止渴，健胃消食，适宜食欲不振、口渴、热性病发热的人食用。

虾球西瓜皮汤

材料： 西瓜皮1块，虾仁300克，香菜15克，白胡椒粉2克，淀粉20克，盐、料酒、香油各适量。

做法： 虾仁洗净，捏成虾球，放入碗中，放少许盐、料酒，腌制10分钟。香菜洗净，切成小段。西瓜皮削去翠绿的外皮，留白绿色带红的部分，切成菱形块，再横片成薄片。锅中倒入适量水，烧开后放入西瓜皮片，煮2分钟左右至熟。放入腌好的虾球，略煮变色。再煮1分钟左右，放入白胡椒粉、盐调味。将淀粉加入适量的水，做成水淀粉，搅匀。将水淀粉淋入锅中，轻轻搅匀。撇去白沫，放入香油、香菜段，搅匀即可。

功效： 以夏季的时令水果——西瓜入菜，清香怡人，清甜可口，润肠通便，清热除燥，滋养脾胃。

老姜鲤鱼汤

材料： 鲜鲤鱼1000克，葱白15克，荜茇5克，料酒10毫升，川椒10克，味精1克，姜15毫升，醋15毫升，香菜30克，盐5克。

做法： 将鲜鲤鱼去鳞鳃、内脏，洗净，切成3厘米的小块。将葱白、姜洗净，切成末。将荜茇、鲤鱼块、葱末、姜末、川椒、盐、料酒放入锅内，加水适量。用大火烧沸，改用小火熬40分钟左右。加入醋和味精调味，撒上香菜即可。

功效： 鲤鱼含有的蛋白质、脂肪、锌等都是丰胸的必要元素；姜具有杀菌、健胃、止痛、发汗、解热的作用。

秋季阳气收敛，滋阴润肺正当时

秋季女性养生原则：滋阴润肺

秋季，气温开始降低，雨量减少，空气湿度相对降低，气候偏于干燥。所以秋季的干燥气候极易伤损肺阴，从而产生口干咽燥、干咳少痰、皮肤干燥、便秘等症状，重者还会痰中带血，因此秋季养生还要防燥。

秋季食材选择之道

1. 多吃绿色蔬菜和深色蔬菜，可以补充足够的维生素。

2. 多吃莲藕。入秋后空气干燥，人容易烦躁不安，这时要多吃一些清心润燥的食物来去秋燥。莲藕富含铁、钙等元素，所含植物蛋白质、维生素，有开胃清热、润燥止渴、清心安神、养血益气的功效，也可增强人体免疫力。

3. 以清淡为宜。在初秋时节应少吃或不吃辛辣香燥食物，以清淡甘润为主，主要做到养阴清燥、润肺生津。

4. 食疗养肺可帮助预防肺病。常食甜杏仁、山药、白萝卜、百合、绿豆等，可以起到润肺的效果。这些食物除具有养肺的功效外，还可以提高人体的免疫功能。

靓汤登场

五彩豆腐汤

材料：西红柿2个，洋葱1/2个，北豆腐100克，瘦肉80克，绿叶蔬菜2~3片，姜块、盐、鸡精各适量。

做法：洋葱去皮切片，西红柿洗净、切块，瘦肉洗净，切成薄片，豆腐切成厚片。将姜块和适量的冷水一起煮沸，再放入洋葱片煮到八分熟；依次放入西红柿块、豆腐片、瘦肉片，煮至食物全部熟透。出锅时，加盐、鸡精调味，放上绿叶蔬菜做点缀。

功效：豆腐营养丰富，含有铁、钙、磷、镁等人体必需的矿物质元素，还含有糖类和丰富的优质蛋白，素有"植物肉"之美称。

蜜枣甘蔗荸荠汤

材料：甘蔗500克，荸荠250克，胡萝卜1个，罗汉果1/2个，蜜枣4粒。

做法：甘蔗洗净，斩成小段，去皮备用；荸荠洗净，去皮去蒂备用；胡萝卜洗净去皮，切厚块备用。将全部材料放入煲内，注入适量清水，大火煲滚，再用中火煲2小时，即可食用。或等凉后藏于冰箱内，分次饮用。

功效：甘蔗含有丰富的营养成分，具有滋补清热的作用，对于低血糖、大便干结、小便不利、反胃呕吐、虚热咳嗽和高热烦渴等症均有一定的疗效。这道汤有非常好的润燥作用，适合秋天饮用。

莲子鸡翅汤

材料： 鸡翅 4 只，鸡心 10 个，莲子 10 克，水发木耳 20 克，葱 1 段，姜 2 片，花椒、香叶、盐、胡椒粉各适量。

做法： 鸡翅和鸡心洗净，放入砂锅中。加适量的水，煮开后去浮沫，放入莲子。再加入葱段、姜片、花椒、香叶，小火煲 1 小时。加入洗净的木耳、盐，继续煮 10 分钟。最后用胡椒粉调味即可。

功效： 有补血、养心安神的作用，可用于缓解虚火心悸，并且含有丰富的蛋白质、钙、磷、铁及多种维生素，可健脾胃。

木耳红枣汤

材料： 木耳 30 克，红枣 10 克，白糖适量。

做法： 木耳焯一遍，沥干。红枣洗净，去核。将木耳和红枣一起放入水中，煮 30 分钟。加入白糖调味即可。

功效： 木耳可润肤，防止皮肤老化。木耳中的胶质可把残留在人体消化系统内的灰尘、杂质吸附集中起来排出体外，从而起到清胃涤肠的作用。

白云海藻鲜汤

材料： 鸭蛋1个，海藻50克，鸡汤500毫升，香油、盐各适量。

做法： 海藻用水充分泡发，洗净，滤干水分备用。将鸡汤倒入锅内煮沸，放入海藻煮开。鸭蛋取鸭蛋清，待海藻煮熟，淋入鸭蛋清。加入盐调味，滴几滴香油即可。

功效： 这道汤有凝血、降压的作用。海藻中的蛋氨酸、胱氨酸含量丰富，能防皮肤干燥，常食还可使干性皮肤富有光泽，改善油性皮肤的油脂分泌。鸭蛋性甘、凉，具有滋阴养血、润肺美肤的作用。

罗汉果白菜干肉汤

材料： 罗汉果12个，白菜干50克，猪瘦肉100克，盐适量。

做法： 用清水将罗汉果、白菜干洗净。猪瘦肉洗净，切大块。将所有食材一起放进汤煲内，加适量清水。先用大火煮沸后，再用小火煲。当白菜干变软烂后，加盐调味即可。

功效： 有清热凉血、生津止咳、滑肠排毒、嫩肤益颜、润肺化痰等功效，可用于痰热咳嗽、咽喉肿痛、大便秘结、消渴烦躁诸症。

太子参百合汤

材料: 太子参 25 克,百合 15 克,猪肉 250 克,罗汉果 1/3 个,盐适量。

做法: 太子参和百合洗净,沥干。猪肉洗净,切成小块。锅内烧开水,放入猪肉块至五成熟,加入盐调味。将太子参、百合、罗汉果放入,用小火煮 2 小时。加入盐调味即可。

功效: 温补肾气,提高抵抗力,预防旧病复发。

白萝卜橄榄饮

材料: 白萝卜 250 克,橄榄 50 克。

做法: 将白萝卜、橄榄洗净,放入锅中,加适量水煎汁,代茶饮。

功效: 橄榄富含钙质和维生素 C,果肉含蛋白质、碳水化合物、脂肪以及钙、磷、铁等矿物质。有清肺利咽、化痰消积、解毒生津的功效,用于咽喉肿痛、心烦口渴,或饮酒过度。

冬季阴盛阳衰，贮存体力养肾气

冬季女性养生原则：滋阴潜阳

冬季气候寒冷，阴盛阳衰，人体受寒冷气温的影响，各项生理功能都会发生变化。合理地调整饮食，保证人体必需营养素的充足是必要的，对提高人体耐寒能力和免疫功能，都有很大作用。

气候、压力、疾病、缺乏运动、恶性减肥等都是造成新陈代谢下降的原因。尤其到了冬天，人的活动量更是大幅减少，基础代谢率也随之降低。因此，如果你总是因为天气冷而懒得动，会使新陈代谢更加下降，让你愈发无精打采、疲惫不堪，形成恶性循环。

冬季食材选择之道

1. 保证热能的供给。冬天的寒冷气候影响人体的内分泌系统，使人体的甲状腺素、肾上腺素等分泌增加，从而促进和加速蛋白质、脂肪、糖类三大类热源营养素的分解，造成人体热量散失过多。因此，冬天养生应以增加热能为主，可适当多摄入富含糖类和脂肪的食物。

2. 多吃薯类。冬天是蔬菜的淡季，蔬菜的数量少，品种也较单调，尤其是我国北方。多吃薯类食物，不仅可补充维生素，还有清内热、去瘟毒作用。

3. 多补充优质蛋白。优质蛋白不仅便于人体消化吸收，而且富含必需氨基酸，营养价值较高，可增加人体的耐寒和抗病能力。

4. 多吃阳性食物。阳性食物会促进脂肪和老废物质燃烧，可令减肥更轻松。阳性食物最大的特点是性温热，味辛气轻，它们的主要功能是让身体内的阳气上升。当人体内的阴气太盛，内寒太大时，我们就用它来提升体内的阳气，温经散寒，从而达到阴阳平衡。

靓汤登场

鳝鱼金针菇汤

材料： 鳝鱼 1 条，金针菇 50 克，猪瘦肉 150 克，鸡蛋 2 个，肉汤 800 毫升，盐适量。

做法： 将鸡蛋打入汤碗中，搅匀，炒成蛋皮，切成丝。金针菇洗净，猪瘦肉洗净，切丝。鳝鱼去骨、去鳞，切丝。锅中加入肉汤，烧沸，倒入金针菇、猪瘦肉丝、鳝鱼丝，同煮 1 小时，加入鸡蛋丝。加盐调味后，再煮 5 分钟即可。

功效： 补虚损，除风湿，强筋骨，可辅助治疗痨伤、风寒湿痹，对产后恶露不断、下痢脓血、痔瘘也有疗效。

栗子牛肉汤

材料： 鲜栗子 150 克，山药 100 克，陈皮 1 片，牛肉 300 克，盐适量。

做法： 牛肉洗净，入滚水焯 3 分钟，切块备用；栗子剥壳，入滚水焯一下，去衣备用；山药洗净；陈皮浸软。将除盐外的所有材料放入汤煲内，加适量清水，小火煲 2 个小时，加盐调味即可。

功效： 栗子能益气补脾、健胃，它含有丰富的不饱和脂肪酸、多种维生素和矿物质，既能健脾养胃，又能补肾强筋。

牛肉泡菜汤

材料： 胡萝卜 200 克，白菜泡菜 200 克，土豆 100 克，松蘑 30 克，辣酱 100 克，煮牛肉 150 克，牛肉清汤 1300 毫升，醋 50 克，盐 10 克，胡椒粉 5 克，姜 10 克，葱 20 克，香油 10 克，水淀粉 15 克。

做法： 胡萝卜去皮，洗净，切丝；白菜泡菜切丝；葱去皮，洗净，切丝；土豆去皮，洗净，切角块；松蘑水发后，洗净，切丝；姜去皮，洗净，切丝；煮牛肉切条。锅中油烧热，放入葱丝、姜丝炒出香味，放入土豆块煸炒后，放入牛肉清汤。加辣酱，焖至九成熟；将泡菜丝、牛肉条、胡萝卜丝、松蘑丝放入，烧开；加盐、醋、胡椒粉、松蘑丝。煮熟后，下入水淀粉勾芡，淋入香油即可。

功效： 本汤含有丰富的粗纤维，不但能起到润肠、促进排毒的作用，又刺激肠胃蠕动，帮助消化。牛肉蛋白质消化率高，很容易被人体吸收利用，有增强体力、强壮身体的作用。经常食用牛肉泡菜汤，可以有效控制食欲，在营养和热量都跟上的情况下，对保持身材效果显著。

香菇白菜羹

材料： 白菜150克，鲜香菇50克，魔芋100克，姜末、盐、水淀粉各适量。

做法： 白菜洗净，撕成小片；鲜香菇去蒂，洗净，切片；魔芋洗净，切块。锅置火上，倒油烧热，倒入香菇片和魔芋块略炸片刻，捞起沥干。白菜片倒入热油中炒软，加入适量水煮开，加盐和姜末调味，放入香菇片、魔芋块，烧沸约2分钟，用水淀粉勾薄芡即可。

功效： 白菜含有丰富的维生素C和胡萝卜素，是预防癌症、糖尿病和肥胖症的健康食品。北方的冬季，大白菜更是餐桌上必不可少的菜肴，故有"冬季白菜美如笋"之说。

鱿鱼虾仁粉皮汤

材料： 鱿鱼300克，虾200克，姜丝、葱末各5克，鸡清汤2000毫升，宽粉条100克，盐、胡椒粉各适量。

做法： 鱿鱼洗净，去膜，切块。虾去壳、去黑线，取虾仁备用。粉条用清水泡软。鸡清汤置于旺火上，加入姜丝，大火煮开。放入鱿鱼块和虾仁，直到煮沸。加入宽粉条，大火煮熟后，加入盐、胡椒粉调味。出锅时，撒上葱末即可。

功效： 本汤富含蛋白质、钙、磷、铁、硒、碘等营养元素，有养心益肾、健脾厚肠、除热止渴的功效。

薏米红枣百合汤

材料： 薏米 100 克，鲜百合 20 克，红枣 10 个。

做法： 将薏米淘洗干净，放入清水中浸泡 4 个小时。鲜百合洗净，掰成片；红枣洗净切开，并取出枣核。将泡好的薏米和清水一同放入锅内，用大火煮开后，转小火煮 1 小时。把鲜百合和红枣块放入锅内，继续煮 30 分钟即可。

功效： 百合除含有蛋白质、脂肪、还原糖、淀粉、钙、磷、铁、维生素等营养素外，还含有秋水仙碱等多种生物碱，这些成分综合作用于人体，具有良好的营养滋补之功，还对冬季气候干燥而引起的多种季节性疾病有一定的防治作用。

西红柿土豆圆白菜汤

材料： 西红柿 2 个，土豆 1 个，胡萝卜 1 根，圆白菜叶 4 片，盐、香油各适量。

做法： 西红柿先用开水烫一下，剥去外皮，削成小块。土豆和胡萝卜分别去皮洗净，切成丁。圆白菜叶洗净，切成粗丝。锅里放油烧热，先放入西红柿块，加盐翻炒。等西红柿块化成汁后加入胡萝卜块和土豆块，略炒一下，加适量的水。加圆白菜叶，小火将以上材料都煮烂。加盐调味，出锅时加入几滴香油即可。

功效： 清爽开胃，有健脾养胃、利关节、壮筋骨之效，还可以防止骨质疏松。